10年后，你会生活得更好吗？

[韩]崔秉熙 著

张虎 译

CNS PUBLISHING & MEDIA 中南出版传媒

湖南文艺出版社 HUNAN LITERATURE AND ART PUBLISHING HOUSE

目录
CONTENTS

前言

让我们一起走在财富增长的道路上

这本书写得很让我满意。可能某些朋友觉得我这是自得其满，不过相比于我的能力来说，这实在是令人高兴的书，令人无怨无悔。

4年前写了一本书叫《30年后，你拿什么养活自己》，在那之后就想写一本书，以此来分享我作为PB（Personal Banker的简称，即个人理财客户经理。译者注，下同）一直积累下来的知识和经验。还有就是想在那本书上写进人情味。当然我知道我的不足之处，不管怎么样，我已经尽了全力，也感到我的某个梦想已经实现了。

这本书是以过去的10年，也就是经济结构快速变化的时期为背景，将投资上所需的经济知识以小说的方式叙述的。从1997年IMF（International Monetary Fund的简称，即国际货币基金组织）外汇危机开始，到2008年全球金融危机为止，过去的10年是一个不断变化的过程。韩国从国家破产的边缘起死回生，再到2008年受到“外汇危机论”的怀疑。这段时间的经验引发了诸多变化，其中最具戏剧性的变化应该算是在个人投资者中的变化。

经历过两次国家层面上的危机给个人带来了“经济性生存”这个词。居高不下的青年失业率、企业重组和提前退休、高涨的教育费和房价以及严重的老后问题，面对种种问题，我们每个人都是怎么想的呢？我有可能在一瞬间破产，这应该叫危机意识吧。还有生存本能。所以，在过去的10年为了经济性生存而“成为富翁”的想法成为了一种风靡韩国的思潮。不过危机之外，投资机会也非常多。除债券、股票、房地产、原材料以外，很多资产的价格上涨了几倍，这就是过去的10年间发生的事情。但是很遗憾，个人投资者却没有能分享这一果实。为什么呢？

答案就在下面的投资格言里——“不要找股票，而是找时机”。个人投资者认为寻找一个能涨价的股票（或其他资产）就是成功的秘诀。所以，很多人热衷于学习各种稀奇古怪的技法，目的就是一个：寻找能涨价的商品。只要听到能涨价，不管是股票、房地产、债券、原材料，全都吃进去，根本就不看对象。但是，钱这个东西不是你胡乱用了就肯定再能赚回来的。即使找到了好的项目，也不一定是肯定能赚钱。在市场暴跌的时候用优良股获利远比在市场暴涨的时候用普通股来获利难，难上好几倍，好几十倍。所以富豪们都把焦点集中在“寻找时机”上。要想获得成功，就要找到合适的时机，而不是只考虑找好的项目。找时机的意思其实就是说不要在市场上逆流而上，要顺应潮流；不是你想赚钱的时候投资，而是赚钱机会好的时候投资。为此，就要能够看懂市场的流向，当然这也只能是在理解经济以后才会成为可能。以此来看清楚“经济的流动”中隐藏的“市场的流动”，也就是“钱的流动”。这个流动能装满你的钱袋，没有这个流动，钱袋中的每一毛钱都会干枯。没搞明白这种流动就跳进理财的圈子，很有可能被市场吸走钱袋中的钱。即使是这样，很多投资者还是不考虑经济状况就开始投资。“通过消息买，通过新闻卖”，但只是读那些经济新闻会管用吗？答案是不一定。所以我写了这本书。回顾一下我们过去10年间的投资历程，通过分析我们过去没有抓住或者没能好好利用的机会，来升级我们的经济知识。以此来防止再犯过去犯过的错误，走向未来的成功。

这本书摒弃了那些复杂、沉闷的经济学理论，转而分析了现在马上能够用于实战的、生动的经济知识。我可不想用那些沉闷的经济学理论让读者们患上消化不良。再进一步，我启用了小说的形式。这么做有助于读者们对经济学知识感兴趣，并生动地感受它，用经济学原理来理解和分析这个世界。

通过这本书，不一定能完整地理解经济学知识，但至少能让人明白“原来经济学知识是这么应用的”、“经济对投资是这么重要的呀”这些道理。如果读者朋友们能够通过这本书学到独立分析并预测经济形势的方法，就没有比这更令我开心的了。

写这本书的时候，我没奢望过要通过这本书让读者们变成富翁。不过，我倒是相信能通过这本书来帮助读者们走上光明的富翁之路。这本书里没有写那些成为富翁的秘诀，你也不会因为读了这本书就会成为理财专家。但是至少能找到一条路，让你在理财之路上降低失败的概率，也因此能早日实现你的经济目标。在这本书中，读者能够看到市场的流动，找出胜率更高的时机，培养果断投资的眼光。当然了，在理财这一领域里没有完美答案。市场总是在变化，我们要跟着市场变化来实现自身的进化。这个任务就留给读者朋友自己吧。

我们经常执著于“钱”这个目标，而它实际上只是个手段而已。我们经常会因为它而迷失，甚至失去“家人”这个真正的目标。尤其是那些目标定得很高的人，或者想挽回失败的人，往往被钱束缚，过着不尽如人意的生活。他们甚至因为对未来缺乏信心，而疏忽了对家人该付出的爱。无论我们是在理财成功的时候，或是在失败的时候，对于家人来说都同样是重要的时期。看看家里正在长大的孩子吧，家人远比钱更重要。有时候，投资失败会让你走很多弯路，那些本可以很轻松地走过去的路非要费上很多周折才能过去。但是请你不要忘记，不论你走哪一条路，你一直是和你的家人一起走过去的。钱可以再赚，但时间无法回头。当你失去了家人，赚那么多钱又有什么用呢？

这本书的出版得到了很多人的帮助。首先感谢韩国SC第一银行的PB顾客们，感谢尹中在常务以及韩国SC第一银行的同僚们。正是与他们的交流与谈话，成为了本书的基础。还有，向Dasan Books的金善植代表及工作人员表示感谢。

还有向我的妻子熙贞——一直以来都在我的身边陪伴着我、要与我白头偕老、与我永远相爱的人生伴侣，我的儿子民锡——

让我感到自豪的、我人生中最好的礼物和疲劳恢复剂，还有上天赐给我的又一个祝福——女儿艺芝表示感谢。今天我的人生中所有的原动力都来自于父母。他们对我付出了全部却依然觉得不够多。我谨向我的父母献上我对他们的爱和尊敬。

最后我虔诚地向上帝表示感谢，他赐给了我智慧和能力，帮助我写出了这本书。

2010年2月

作者　崔秉熙

楔子

迎向更美好的下一个10年

“老公，这个盒子得要你拿下来了，太沉了。”

妻子指着一个柜子上面的盒子，盒子上什么也没有贴，不知道里面装的是什么。金晓阳举手把盒子拿了下来，轻轻地掂量了一下。就像妻子说的，对她来说确实有点儿沉。好像里面是装了一些书籍吧。

金晓阳慢慢撕开了上面的胶带，听到了一阵刺耳的撕裂声。从小缝中可以看出来，那里面放着密密麻麻的书。他看到的第一本书，名叫《×××图表入门》。那一瞬间，金晓阳立刻明白过来里面都装了什么书，也明白了这个盒子对自己代表的意义。一阵心酸的回忆油然而生。这个盒子让他回忆起了太多太多，那一段坠进悬崖的人生……

金晓阳打开了盒子。就像他猜想的一样，里面全是与炒股相关的书籍。10年前，金晓阳开始准备进入股市拼搏厮杀一番。那个时候作为准备功课而读的书，就是在这个盒子里面的书了。

“这盒子里面都是什么呀？”

“嗯……以前我看过的书……”

金晓阳不想让妻子回忆起以前那段辛苦难挨的日子，一点儿也不想。他把盒子合上，抱到门口去了。门口有很多纸箱整齐地堆放在一起。他就把这个盒子放在那堆纸箱上面，再用一张废旧报纸盖住了。他不想让妻子看到这个盒子。

金晓阳全家下周就要搬到别的地方去了。这个房子是一室一厅的半地下小房子，马上要搬去一个32坪（1坪约等于3.3平方米）的大房子了。当年为了偿还股债，变卖了原来那个26坪的房子，到今天正好过了7年。所以今天他们一家整理家当，把那些没用的东西都处理掉。实际上，既然是要搬到更大的房子去，现在的行李和家当完全可以全部搬进新房子里。不过呢，对于金晓阳本人以及他的妻子，整理老房子的行李，处理掉没用的东西，有着某种特别的意义。某种彻底告别过去的日子的意思吧，那段难挨、痛苦又疲惫的日子。

金晓阳搬到半地下小房子的时候也没舍得扔掉这些炒股入门书。搬家过来以后从来没有拿出来再看过。这个盒子放在家里的角落，在岁月的流逝中渐渐被遗忘了，新堆上的纸箱慢慢掩埋掉了这个被遗忘的盒子。怎么说呢，这个箱子里或许藏着他们一定要搬回大房子的美好愿望吧。它静静地装着他们的愿望，等待着新的一天。这时妻子把其他纸箱抱出来，对金晓阳说道：

“我去把这些都扔掉再回来。”

“嗯，小心点儿啊！”

妻子把那些堆在门口的纸箱一个一个地搬到回收站。那个装满炒股入门书的盒子被排到最后了。金晓阳是有意这么做的。趁妻子出去的时候，他再一次打开了这个盒子。分明是以前看过的，而且还是熟读过的书，可是现在怎么觉得这么生疏，仿佛是第一次看见它们一样。《股价走势图表入门》、《实战炒股入门》、《怎样看股价走势图入门》、《让你轻松学会股价走势图》……还有经济学相关的其他书籍、理财相关书籍、投资理论相关的书籍，等等。不过大部分还是与那些“走势图分析”相关的书籍。金晓阳随手拿起一本《实战炒股走势图》。书的纸张已经发黄，页面的边角因为湿气已经全部卷起来了。金晓阳小心翼翼地翻开了那本书。书页上有各种各样的颜色画出的下划线、重点圈、星号标记、感叹号标记，有些还是用浓重的红色来标注的。空白处还到处写满了自己添上去的笔记。

> 5月20日，移动平均线交易移动平均线PH，Cross，走势逆转交易剧增，交易量/移平正排列初期，股价上升→涨停股

涨停股！金晓阳心里咯噔一下。以前有段时间专门追着涨停股，追来追去。那段时间痛苦的记忆又回来了。

算了，不回忆了。金晓阳把书放进了原来的盒子里。这时他在盒子的角落发现了一个小小的日记本。这是一本2001年的日记本，里面记载的大部分都是与投资相关的笔记，详细地记载着有关各个股票的详细信息、主要买卖内容、各种新闻报道，等等。有的页码上还写着他发现的投资原则和那时候下的决心，等等。

金晓阳就这样随便浏览了一下那本日记本。在他准备撒手扔进盒子里的一刹那，在日记本的最后一页他发现了一则日记。不，不是日记，是信。金晓阳自己写给自己的信。

晓阳，新年快乐。
又过去了一年，你也迎来了你33岁的人生。
该祝贺你了吧……
这一年你吃了不少苦吧？我都知道。
你自己一个人伤了多少心，
有多么讨厌自己，
多么后悔刚刚过去的日子，
甚至不止一次想过轻生……

晓阳，我知道你现在经济上很困难，
也没有个人能让你说说心里话……
不过请你不要放弃，你一定能做好的，
现在虽然亏了钱，但你还有家人这个最重要的财产。
金钱能换来家人吗？
最重要的财产依然留在你身边，
即使你辛苦、难熬，也要想想你的家人们。

她不知道你的情况，
说不定还需要跟你一起吃苦呢，
能对她好的时候多对她好。

小草现在正是形成性格的时候，
还在学习家人的意义，
现在正是很重要的时候……
尽量别对他发火，多用笑脸对他吧。

加油！
钱包不够富足，就努力让你的心灵快乐吧。
然后，
在新的一年多用心公司的工作，
不要再因为投资搞乱了你的人生……
投资只是你人生的一部分，绝不是人生的全部，
一定要铭记。
不过你还是要继续投资的吧，
还有很多老婆不知道的债要还呢……

可是，要是无力回天就绝不要再接着借债了，绝不要……
最后会负债累累，永远走不出来。

打起精神，重拾信心，忠于人生吧。
一定会有路的……

还有剩下的600万元，千万要好好投资，
把它当成你的生命一样宝贵吧。
你知道用这些钱能给家人带来多少保障。

晓阳，千万不要放弃，要是你倒下了那家人们怎么办？

新年会时来运转的，会风调雨顺的。

用积极的心态，面向未来！

晓阳，加油！

金晓阳瘫坐在了地板上。

人生中最痛苦艰难的时候，最绝望的时候，好几次想过自杀的时候，炒股失败、陷进债务陷阱无法摆脱的时候，自己都觉得自己很可怜的时候。

找不到任何人谈心，自己一个人伤心的时候，那段充满泪水和痛苦的岁月……

第一章 人生不是赌局，看清哪里赢面大最重要

心态放轻松，投资理财其实是一场概率游戏

看清整个市场环境比挑选优良项目重要。更重要的是要找出恰当的时机，也就是判断该什么时候入市决战。

对于金晓阳来说，这一年是地狱般的一年。在贪婪的沼泽里，他迷失了自己，一个人和一个家庭就这么轻易地掉进了万丈深渊。与崔大友的相识，仿佛上帝为他打开了一扇窗，让他明白了之前自己在投资领域里的观念是错误的。当你失去财富时，或许，家人的信任与不离不弃也许才是最大的财富。

金晓阳的炒股生涯是从1996年参加工作的时候就开始的。参加工作之前，金晓阳做了一些兼职，攒了400万元，就当做启动资金了。一开始的时候没想过通过炒股来赚大钱，只是想攒点儿经验，当做消遣、赚点儿零花钱吧。不知道是他的运气好还是真的有实力，炒股炒了一年居然赚了不少钱，远远超过了存在银行的利息。可因为第二年着急要结婚了，所以就没办法，把所有的股票都卖掉了。

妻子是三姐妹中最小的一个。姐姐们都已经结了婚，独立出去了。只有妻子和丈母娘两人一起生活。1997年初，丈母娘在医院体检的时候检查出来是癌症晚期。趁她还在世的时候，就把婚事给办下来了。

危机之中的生存策略

不知道是幸运还是不幸，金晓阳卖掉股票以后，同年11月，韩国也被亚洲经济危机的巨浪给吞噬掉了。韩国在IMF的监督下，接受了IMF的经济改革条款，因此这场经济危机被称作IMF危机。韩国政府向IMF申请救济，这个新闻立刻在市场传开。与此同时，“国家破产”等生疏的词汇陆陆续续地、频繁地出现在各种新闻上。之前没有认真经营的韩国企业，出现了多米诺骨牌一样的连续倒闭潮。即使是大企业，也因为资金链断裂顶不住还款压力，出现了倒闭潮。大部分的综合金融公司被迫关门，5个大型城市银行被执行了P&A（Purchase and Assumption的简称，购买和接管）。

连日来，韩国经济结构调整的相关新闻暴雨般地砸在了各个媒体的大部分版面上。瞬间丢掉工作的人们因为还不上房屋贷款，居然到了无家可归露宿大街的境地。股指从700点一泻千里，瞬间跌到350点附近。韩元兑美元的汇率暴跌，到了2000韩元兑换1美元（之前是1000韩元/美元）。市场利率也暴涨，个人、企业都出现破产潮。物价暴涨，住宅价格却暴跌。

一句话，韩国经济就是在一个伸手不见五指的漆黑夜晚里，感觉一线希望都没有了。各种媒体整日报道令人郁闷的新闻，让人人心惶惶。IMF危机改变了一切的一切。

金晓阳就职的韩国电子株式会社也没有逃过去。金融市场开始紧缩，公司面临严酷的资金困境。公司首先出台的政策是削减全体员工和管理层员工的工资。但是也顶不住压力，公司面临的危机还是越来越严重。没有办法，公司最终实行了调整与解雇的政策。有的事业部门因为要退出这个事业领域，所以整个部门都被砍掉。金晓阳所属的国内营业部也无法避免几位同僚的牺牲。公司气氛乱哄哄的，眼看着同僚离开公司也没多少时间给他们送行。因为除了悲伤，还有另外的事情在等着那些留下来的人们——生存。不管怎么样，一定要把公司救回来，每个人都在咬牙坚持。可是另外一方面，大家还是害怕企业重组继续下去，还会有下一次和再下一次，使得他们对终身雇佣制度的信赖瞬间崩溃。

世界上没有好赚的钱

1998年6月，韩国综合股价指数（下称“韩国综指”）终于跌破了300点。投资者们对这个无底洞彻底绝望了。媒体上连日报道投资者自杀、空白账户暴增等新闻。在这种绝望的气氛下，金晓阳认为现在就是能够低价买进股票的绝好机会。可惜，因为迟迟没能下决心，就没有做出实际行动。妻子不喜欢金晓阳炒股，而且那时候要以工作为中心。就这样，忙忙碌碌地过了1998年夏天。

进入秋天后，汇率和利率快速下跌，金融市场重新趋于稳定。股市开始有点儿停止跌势、重新恢复的势头。到9月以后，一直徘徊在300点的韩国综指开始慢慢上涨，12月份的时候重新回到了500点。尤其是证券市场有两股开始暴涨，从谷底价位涨了数倍甚至数十倍。在随后跟进的个人投资者们高涨的关注和追捧下，韩国股市开始越来越红火。

金晓阳看着频频爆出暴涨、涨停的股市新闻，心里越来越着急。他后悔当初没有买股票，心痛不已。每次看财经新闻的时候，心里都烦躁不安。金晓阳跟妻子商量要开始炒股，但是妻子斩钉截铁地拒绝了这个提议。她的理由很简单，世界上没有好赚的钱。

迈出第一步：钱滚钱的诱惑

金晓阳重新开始股市投资是从1999年开始的“.com”风潮和“Buy Korea（大量收购韩国股票）”热潮。1999年开始，在KOSDAQ市场（韩国的创业板市场，又称“高斯达克”市场）上只要是被分类为网络股的股票都轮番暴涨。再加上当时有一个研究报告称韩国股市的市值总额还没到美国或者日本的某一大型企业的市值那么多，导致韩国人的民族自尊心受到了刺激。基金公司正好抓住这个机会，打出了一个非常激动人心的广告——在太极旗（韩国国旗）飘扬的画面上打出“Buy Korea！”字样，刺激人们在爱国心的驱动下购买韩国的网络概念股。就这样，韩国又一次陷入了炒股热潮。

金晓阳也顾不上妻子的反对，开始认真学习炒股。金晓阳是经营学专业毕业的，他对自己读财务报表的能力还是有点儿自信的。于是，金晓阳主要学习技术图表型的炒股方法。读着与图表相关的书籍，就好像是一个新的天地在眼前豁然开启。金晓阳慢慢有了自信心——只要有了份子钱就马上能把它变成好几倍的巨额利润。

正当金晓阳学习炒股的这段时间，股价也在慢慢地爬升。

进入初夏后，韩国综指突破了800点，KOSDAQ市场上频繁出现上涨了好几十倍的股票。炒股又一次成为了大街小巷的大众话题，成功神话就像雨后春笋一般连续出现。甚至晚上想临时找个馆子和朋友们聚一聚也找不到地方，因为大家都去小馆子边聚会边交流炒股经验。妻子看到金晓阳每天都疯狂地学习炒股，就明白了她再也无法阻止金晓阳去炒股了。最后，妻子给金晓阳拿出了500万韩元，附带着一句话："既然想做，就做好一点儿吧……"

一开始金晓阳只投资大型的优良股。他还记得一两年前的韩国金融危机——真露、新科、起亚汽车等大型财阀集团轰然倒塌。而且，金晓阳实在是受不了那些网络概念股。连营业额都没多少的企业就因为公司名字上有个".com"就涨上好几倍乃至好几十倍，完全不符合他学习过的那些理论知识。不过呢，金晓阳也是在这个时候才知道韩国还有KOSDAQ市场。

第一只买入的股票是三星电子，金晓阳在这只股票上赚了一点儿钱。可以说，他的第一步还是比较成功的。不过KOSDAQ市场依然有很多股票，每天或者连续好几天达到涨停板，没过几天就涨了好几倍甚至是好几十倍。不仅是在电视新闻上播放这些消息，只要是有人的地方就都在讨论KOSDAQ的故事。整个社会的风气也开始浮躁起来了，韩国的民众们已经开始忘记他们前两年经历过的金融危机了。

不知不觉间，大家都理所当然地认为在KOSDAQ的投资上应获得数倍甚至是数十倍的利润，大家都在拼命寻找暴涨股。金晓阳的优良股可达到10%至20%的收益率，但无法让他感到满足。最后，他还是决定随着这个时代的潮流走一下。

到那年冬天为止，KOSDAQ市场出现了几次大的调整。已开始暴涨的股票开始迅速回调，同时SeaRom技术股和Daum Communication等新上市的股票接住了暴涨股的接力棒，继续上演暴涨神话。如果能挑出一只好的股票，就能获得数十倍的收益率，但要是挑错了就要亏损一半以上的资金。所以当时最流行的就是短线操作——买入股票后如果看不到这只股票要暴涨的征兆，就立刻卖掉转移到别的股票上去。

对于金晓阳来说，他大学时候学习的财务报表啊认真学习过的图表知识啊，都变成了无用之物。这个时候的股价已经被该公司对外宣布的项目计划书所决定，而这个所谓的项目计划书都是没有可实现性的、空洞的吹牛而已。本来是企业的价值决定股价高低，但是当时的情况正好相反——从股价来推算企业的价值有多高。

1999年年末，韩国综指重新突破了1000点，并以此结束了这一年度。没到一年半的时间内，韩国综指上涨了3倍以上。KOSDAQ指数也是从一年前的736.7点涨到了年末的2566.3点，上涨了3倍。不过因为每个板块轮流出现股价暴涨和暴跌的现象，所以这一年的股票投资并不是那么容易的。金晓阳在5个月内获益30%，但是看着那些获益数倍甚至是数十倍的股票，就没法平静下来，也感觉不到满足。市场上比较主流的思考方式是一局定胜局，也就是只要好好找出一只股票，在这一只股票上获利数十倍，就能挽回前面的损失。金晓阳觉得自己这点儿收益虽然少了点儿吧，不过至少没有亏损，还觉得自己能在老婆面前挺直了腰板说话。

一直以来，金晓阳觉得自己的本金要是再多一点儿的话就能获得更多的收益，这件事一直令他惋惜不已。这不，金晓阳就瞒着妻子，从银行贷了500万韩元。金晓阳的如意算盘是，用投资收益来偿还贷款。假设年收益率是50%的话，那得需要多少年才能还清贷款呢？在这种幸福的想象里，金晓阳难以抑制自己心中的兴奋。金晓阳最讨厌周末，股市休市的周末只会让人无聊透顶。

一夜暴富只是传说

不过，金晓阳的美好想象却没有持续太长时间。进入2000年以后，金晓阳开始面对真正的考验。股市从年初开始就有点儿乱糟糟的。1月份暴跌30%以上，让人联想起股灾；2至3月份却反弹50%以上，又给市场人士燃起了一线希望；不过好景不长，市场又开始暴跌，市场投资者的不安心理开始逐渐扩散。

2000年3月份的KOSDAQ指数是2925.5点。谁都没有想到这个数字将成为今后再也无法逾越的一道屏障，谁都没有想到这个时候的IT网络概念股的股价将会成为传说。

股市调整开始后不久，市场投资者们就认为当时就是能够低价抄底的好机会。金晓阳也这么认为。因为前段时间的股价回调，他之前获得的收益都瞬间跌回去了，并且开始蚕食他的本金。尽管如此，金晓阳还是觉得这个时候正好是要买进的机会。

他开始运用自己以前学过的所有分析技法和信息收集能力，拼命寻找股价反弹的项目。股价下跌也会令他不安，便安慰自己这回能干一票大的，一举挽回损失。随着股价持续下跌，金晓阳的账户上剩下的本金越来越少。但是金晓阳依然认为这是股价调整过度，马上就会有一场大反弹来临。

这样的想法最终促使金晓阳再次从银行申请了一次贷款，而这一次的贷款则成为金晓阳噩梦的开始。本来金晓阳只是想贷款1000万韩元，但是到签约的时候想法又变了。万一股价反弹的时候没有抓住机会，岂不是会让自己悔恨一辈子？干脆贷款2000万韩元算了！就这样，金晓阳把这些钱一点一点地投进了股市……

事与愿违，KOSDAQ指数就像是穿地导弹一样，各种抵抗线在它面前毫无作用。KOSDAQ指数从3000点附近回调到了1000点附近，在不到两个月的时间里，这算是跌去了一半以上的价格吧。

恐慌开始了。金晓阳持有的股票每天都在报出新低。没办法，卖掉一只股票换一只也是一样下跌。金晓阳的本金从3000万韩元缩水到不足1000万韩元。金晓阳开始着急了，他急于捞回本金。这样一来就让他的操作出现了各种失误。先看一只股票感觉要上涨就买进，而且是用杠杆倍率买进本金的2倍到3倍的股票。两三天后看不到上涨就挂牌卖出。如此反复。这种操作技法很快消耗掉了金晓阳为数不多的本金。

失去房子不等于失去一切

恐惧开始蔓延、扩大。是向妻子说出事情真相呢，还是自己解决呢……他不想让妻子失望，去年她刚生了儿子小草，更不想让家人失望。

金晓阳心急如焚。责怪自己判断失误，加上对妻子的愧疚，他更急切地想要赚回本金。在这种心态下，金晓阳在正常工作中也开始慢慢出现倦怠，在公司里也得看周围人的脸色了。不管是什么，现在该做点儿什么了！瞒着老婆，用零花钱负担贷款利息的做法也已经到了强弩之末。要想赚回本金，就需要他持有的股票上涨6倍以上。金晓阳在经过一番思想斗争之后下定了决心。他的结论是再去贷款，用较大的投资本金来一举挽回损失。事已至此，金晓阳用信用贷款和信用卡贷款再贷了3000万韩元。

真是天不遂人愿。韩国综指丝毫没有反弹的迹象，一直下跌到了年末。金晓阳的损失越来越大，就像滚雪球一样。损失越大，他的债务就越多。当时金晓阳已经达到了贷款上限，也从朋友那里借了很多钱，信用卡取现也已经不能再用了。贷款总额和利息负担在快速地扩大。有好几回，金晓阳下班的时候在回家的公交车上掉下了眼泪。债务已经超过了1亿韩元。到了年末，KOSDAQ指数跌到了525.8点，是最高点的五分之一左右。对于金晓阳来说，2000年就像是地狱一样的一年。一个人、一个家庭的人生就这么轻易地掉进了万丈深渊之中。

当金晓阳向妻子坦白一切的时候，已经无力回天了。他已经再也不能拆东墙补西墙了，再过两天就要变成信用不良者。

那是2001年春天。那天妻子没有说一句话。第二天金晓阳下班回家的时候，发现妻子的两眼已经哭肿了。应该是哭了一整天吧。地板上散乱着存折和保险证据，还有其他各种纸张。吃过晚饭以后，妻子开始说出她的想法，这应该是憋了一整天的吧。金晓阳也和妻子一起哭了。

妻子最无法接受的是他们为了还债必须卖掉房子的现实。这是妻子的母亲，也就是丈母娘在生前积攒下的财产。丈母娘在知道自己的日子所剩无几时，就要求提前举行他们两个人的婚礼，然后金晓阳夫妻开始在丈母娘的房子里过上了夫妻生活。老人在当年冬天去世，根据遗嘱，由金晓阳的妻子继承了这个房子的所有权。也就是说，这个房子对于妻子来说，有着极其重要的、特别的意义。

卖掉房子后用卖房款还清了所有的债务，在偏远的郊区租下了一套一室一厅的半地下室。那个时候金晓阳暗暗下了决心，一定要给妻子买一个更大更好的房子，但又不知道这是什么时候才能实现的。

金晓阳在打包搬家的时候把大部分的炒股书籍和用剩下的2001年日记本放在一起了。这些日记本承载着金晓阳那段痛苦的日子的记忆。过去的事情就让它过去吧，忘掉它，让自己重新开始。金晓阳庆幸自己向妻子坦白事实还不算太晚，也打心底感谢妻子原谅并重新接受了他。

至于金晓阳当时手头持有的约合500万韩元的股票，妻子把决定权交给了金晓阳自己，让他去处理这件事情。

“这段时间晓阳你自己一个人也费了不少心思，至于这笔钱是喝酒喝掉还是继续炒股炒到一分钱不剩，我是不管了。但是再也不要在我不知道的情况下找别人借钱，更不要找银行贷款。你要答应我。”这就是妻子对金晓阳的要求。

房价不断上涨，上帝关上大门却为你打开一扇窗

不可以，不可以就这样放手。金晓阳决定重新运用以前学习过的投资原则再拼搏一次。回首看来，这段时间一直被涨停股冲昏了头脑，完全忘了自己以前学过的投资原则。

但是，遵守原则并不是那么容易的。而且，遵守原则也不一定保证会赢利。用比较基础性的分析方法——比如运用财务报表分析等方法来选择一些股票，抑或用图表分析这种技术层面的方法来操作，金晓阳都尝试过。但，就是无法提高收益。

看了很长时间才找到一只股票买进来了，结果市场不好，还是和大盘一起下跌。熬了很长时间等待反弹，实在等不下去了就忍痛割肉卖掉，之后却开始慢慢地反弹起来。杀回来买进了，就又开始掉下来……换一只股票也是差不多。市场上其他股票都在上涨，就自己买的不涨。受不了、等不下去了割肉卖掉，就开始暴涨。就好像是有人在偷窥金晓阳的账户一样……

再好的股票也无法逃避整个大盘的走势，而且一旦整个行业被冷落，那么单只股票很难有所表现。即使是同样的股票也有买卖的最佳时机的问题。买的价格如果贵了一点儿就没有办法获得好的收益。金晓阳小心翼翼地避免重大损失，一点一点地提高了收益率。但是金晓阳也知道这个根本不是因为自己的能力强，而是因为自己运气好而已。

就像是妻子说的那句话一样，世界上没有白给的午餐，更没有好赚的钱。当然了，炒股挣来的钱也不是“白来”的。炒股也需要有天生的才华或者是刻苦的努力才能成功。要是读了那么几本入门书就能成功，就不叫炒股了，而是捡钱了。每个人都能读个几本炒股入门书，进股市一夜暴富再出去。金晓阳终于知道了为什么用炒股赚钱的人那么少。理论和实际是有很大差别的。

结论很简单明了。但是在实战中怎么解释市场状况和走势就仁者见仁智者见智了。有的人解释市场会上涨，有的人解释市场会下跌。这，就是市场吧。在同等状况下，在同一种走势下，对同一个企业的分析和展望，每个评论家都各抒已见。甚至每一个投资者都有自己独立的想法。同一时间同一地点同一个企业的股票，有人说买入有人却说卖出。从来没有正确的标准答案存在。

2002年对于金晓阳来说是郁闷的一年，这一年给金晓阳带来了新的痛苦。这个新的痛苦来自于房地产市场。金晓阳他们已经把债务都还清了，妻子也出来找工作了。他们两个一起工作赚钱的话应该能够在六七年左右的时间内买到一套新的房子。但是房地产市场并没有要等他们的意思。金晓阳卖掉的那个26坪的房子开始慢慢涨价了。

问题在于，房价上涨的速度超过了他们的存款增长速度。金晓阳和妻子都很焦急。照这样下去，将来再把那个26坪的房子买回来是越来越不可能的了……但是他们两个人谁都没有先吱声，因为怕说出来后就真的没有任何希望了。

“爸爸——”

“爸爸——”

回头一看，是小草和小芽。小芽是金晓阳全家搬到半地下室的房子后的第二年出生的。现在，小草是初中一年级学生，小芽在上小学一年级。

金晓阳拿起了他的日记本。虽然这段过去是金晓阳一直以来深埋在心中的回忆，但终究还是无法舍弃它。

“小芽玩得开心吗？”

“嗯，跟哥哥一起玩了球。”

“爸爸，行李都整理好了吗？”

“没有，还没做完呢。你带着小芽再玩一会儿。”

“知道了。小芽，我们到那边的公园玩一会儿吧。”

说到搬家的时候最开心的居然不是妻子，而是孩子们。尤其是这个儿子——小草。随着年龄长大，小草带小朋友们回家来玩的次数越来越少。搬到一个大一点儿的房子，把朋友们都请过来，在家里办一次生日派对，这就是小草的小小愿望。

“纸盒都扔掉了吗？手上拿着的是什么呀？”

“呃……这是我以前用过的记事本。不舍得扔掉它。呵呵，我看看书架上还有没有要扔掉的书。”

金晓阳淡淡地对妻子说了一声，打开了孩子们的房间。一进门是一个书桌，书桌旁边就有抽屉，对面有一排书架。书架上大多是孩子们的童话书，但是在最左手边的书架上摆放着金晓阳的书籍。

最上面的架子上放了各种颜色的记事本和笔记本、炒股相关书籍，在那下面是经济、经营、未来学相关的书籍。金晓阳把他刚才拿进来的那本记事本插进了最左边的空隙中。右手边是按年度顺序排列的日记本，是从搬到这个家的那一年开始算起的。金晓阳拿出了其中的一本。要是说2001年的记事本的主题是绝望的话，现在拿出来的这本记事本应该算是希望的开始吧。

打开记事本，慢慢地翻开一页又一页。不出所料，里面密密麻麻地记录着他和崔大友之间见面谈话的详细内容。

第一次见到崔大友正是2002年日韩世界杯的时候。那个时候，整个韩国都在狂热、兴奋的气氛中迎接韩国国家队和意大利队之间的16强晋级赛。

那天金晓阳和小草两个人去附近的公园观看比赛。妻子还怀着小芽，就留在家里了。小草和旁边坐着的孩子一起玩得很开心，自然而然的，金晓阳也和这个孩子的父亲——崔大友坐在了一起。下半场临近结束前，韩国队踢进一个球追平了比分，在加时赛，韩国队用金球打败了强大的意大利队，获得了晋级下一场比赛的资格。这下，整个韩国都沉浸在了胜利的喜悦之中。理所当然的，金晓阳和崔大友也干了一罐又一罐的啤酒，分享着各自的喜悦。两个人在分别时交换了自己的名片。

崔大友是世界银行的PB，从此之后他们之间的见面次数就开始多起来了。因为崔大友的年龄比金晓阳大两岁，所以金晓阳管崔大友叫“崔哥”。后来金晓阳才知道，崔大友这个人是PB行业里小有名气的明星PB。崔大友的拿手业务就是“投资”，而金晓阳当时最关心的事就是“投资”。两个人的对话内容自然就往那方面发展了。

昨天和崔哥一起吃了晚饭。他要调到江南区PB中心了。

投资是概率游戏。

经济、金融指标比挑出好股票更重要，知识的应用比学习知识更重要。

——期待下次见面!!!

这是2002年记事本的第一篇日记。那个时候的事情金晓阳也慢慢地回忆起来了。那年的投资并没有太大的损失，但是收益也非常低，根本没有达到金晓阳的预期要求，而且上下波动非常剧烈。金晓阳越来越感觉到自己的投资技术有不可逾越的局限性，深切地感到要尽快掌握自己的一套炒股技术，保证自己在任何情况下都能保持赢利。

财富管理大师的第一个教诲：投资看的不是眼光，是赢面

那天金晓阳和崔大友正在一起吃饭。金晓阳突然对崔大友说出了他的心事。

“小金的意思是说，你很难找出一只不错的股票？”

“是啊，每次都是苦恼该选择哪一只股票。”

“哦……挑出来一只好的股票就能赢利，但是这种好股票不好挑出来，是这意思不？”

“是啊，看似很简单……实际上真觉得很难。”

“这倒让我想起以前的自己了……我以前开始做PB的时候，也有一段时期真的感觉很累。那个时候我也像小金一样，觉得只要找出不错的基金就能跑赢市场。所以就拼了命研究怎么才能选出好的基金，努力持有那种所谓的好基金。但是没想到越来越行不通。到底是哪里出问题了呢？”

“……是啊。”

“其实呢，我们的假设就是错的。我们假设只要自己找出好的股票或者是基金就一定能够跑赢市场。但是这个想法就像是我们从正面上对抗市场走势一样，就像是否定了“市场和资金的流动是自然发生的过程”这一事实一样。只要挑出好的基金就能跑

赢市场，这是一个多么大的错误呀。我也是后来才知道的。”

金晓阳静静地等待着崔大友说出下一句话。

“我不是说没有必要下工夫去找好的公司、好的项目，而是说还有更重要的事情等着我们去做。那就是等待和选择时机。你选择股票前是不是先要了解市场呢？如果对于投资要有独特的、独立的原则，而且在选择优良股的时候也要求每个人有独立的观点，那么为什么不能要求每个人在观察市场的时候也要有独立的视角呢？”

“崔哥说的话好像挺对……但是有点儿找不到感觉呀。”

“你就把投资当成是概率游戏。投资就是你承担风险，并以此为代价获得收益。风险是指收益的不确定性或者是变动性。也就是说，在投资这个领域里不存在‘确定的收益’。如果收益都能确定下来，那就不算是投资了。我们不是‘挑选价格上涨的资产’，更准确地来说是在‘挑选价格上涨概率较高的资产’。我们在进行投资的时候，不是要选择好的股票吗？这其实是可以看做我们在选择一个上涨可能性较大的股票，减少亏本的可能性。你同意这一点吧？”

“是的。投资是概率游戏，这种说法挺有意思呢。我从没这么想过，但是我觉得这是正确的观点。”

“但是，还有一点很重要。我们要在挑选上涨可能性较大的时候决胜负，这样才能保证在市场上获得胜利。这一点和选择一只好的股票同样重要，甚至比它更重要。根据市场的状况，我们获胜的概率忽高忽低。想想看，如果从现在开始市场状况一直不好，那么市场上下跌的股票肯定比上涨的股票多吧？例如，股市大盘下跌的时候10只股票中有8只在下跌，只有2只股票会上涨，那么我们选择正确的股票（也就是选择上涨的那一只）的概率是20%。相反，市场状况变好后，上涨的股票是8只，而下跌的股票是2只。这个时候你选择正确的股票的概率一下子达到了80%。同样的市场，不同的时期，给你带来不同的获胜概率。聪明的投资者应该怎么做呢？当然是在获胜概率为80%的时候进行投资呗。那你说说，如果获胜概率在20%的话，也就是说失败概率在80%的时候应该怎么办呢？”

“当然是不进行投资了呗。”

“只有20%的获胜概率时，只要你没把握获得非常高的回报率，那么还是不要进行投资为好。如果一个人总是去做失败概率在80%的游戏，那么其结果是非常显而易见的。偶尔一次两次能够获胜，一旦这个游戏反复地进行下去，最后还是会输得很惨。”

“最后应该是会那样吧。”

“但是很多投资者都有一种奇怪的想法，他们觉得即使是在获胜概率为20%的时候也要获胜才行。不管市场状况如何都能获胜的人才是真正会投资的人，这就是他们的错误认识。这就像是你在扔硬币的时候希望它每次都出现同样的一面一样，毫无科学根据，也绝无可能实现。不管多好的股票，都不可能脱离市场的大环境而特立独行。总是无视市场的大环境，就会经常做出割肉甩卖的操作。毛毛雨虽小，却会让人湿透。有进攻的时候，就也有后退的时候……”

“是啊，休息也算一种投资吧。”

“对！这个描述挺不错的。还有你可以这么想：股市下跌的时候，不管是好的股票还是差的股票，大部分都会下跌；反之，在股市上涨的时候，不管是好的股票还是差的股票，大部分都在上涨。与其在股市下跌的时候辛辛苦苦找出一只好股票投资，还不如在股市上涨的时候随便找一只差不多的股票投资。后者的获胜概率肯定比前者高吧。总而言之呢，看整个市场环境比挑选优良股票更重要。”

“崔哥的话我明白了。也就是说不管我找出的股票有多好，买入之前一定要先看看现在是不是买入的好时机，即，看现在的获胜概率是高呢还是低呢。这么看来……我一直都以为只要挑好股票就不用担心别的问题，一定会获益。原来我的投资观念有这么大的问题呢……偶尔一次两次局部获益也无法挽回整体的亏损呢。”

“对。只在乎挑选好的股票而疏忽大的市场环境，这就是散户们总是亏钱的原因之一。”

金晓阳仔细地回想了一下崔大友的话。投资是概率游戏。既然这样，获胜概率高的时候把资金押在获胜概率高的那一侧就能获胜。这才是正确的投资观念。

在投资领域，简单的经济学知识已经够用

“但是崔哥，您刚才说了每个人要有自己的独特的视角看

待市场，这个我明白了。但是为了正确地了解市场，应该怎么做呢？”

“当然是要对经济和金融现象有比较深入地理解吧。买股票也就是买企业的股票，也就是投资那家企业的收益……企业在哪里运营，在哪里创造收益呢？那就是在经济体系内进行他们的企业运营。企业绝不会游离于经济环境之外。企业在什么样的经济、金融环境下进行运营，这一点非常重要。连这都不去调查，而直接去选择股票，是本末倒置的做法。”

金晓阳轻轻地点了一下头表示同意。

“了解市场，发现市场的走势也就是观察经济的走势，并以此为基础来判断什么时候是获胜概率较高的时候。就像股市中存在上升周期和下跌周期，有买入的时机和卖出的时机，经济走势也会有一定的周期。经济和金融指标的分析方法有点儿类似于股价走势分析。股价走势是由很多人的心理和行动的结果来形成的模式和现象，经济现象也是一样的。因此，我也认为读取经济状况走势是某种‘找出规律’的工作。”

“找出……规律？”

“对……我们来假设一下。经济不好→为了救活经济，政府和中央银行下调利率→经济开始恢复，物价上升→为了抑制经济过热和通货膨胀，政府和中央银行上调利率→经济开始走下坡路→再次下调利率……这种循环模式可以说是一种发展规律吧？”

“哦……”

“当然了，经济走势并不会像上面说的那样简单明了，让人一看就懂。就像股价的影响因素有很多一样，对经济走势产生影响的因素也非常多，如政府政策、利率、汇率、物价、国际收支等等。对这些因素的走势、动向应该如何作出解释呢？其实是没有标准答案的。但是反复出现的经济发展模式对我们理解经济走势是很有帮助的。你越是能娴熟地运用过去的知识经验，那么你理解经济的幅度、深度和速度就越会发生质的提高。如果你能正确判断市场走势，那么就可以抓住成功的机会而避开失败的时刻。你可以从小盈大亏的泥潭中走出来，实现小亏大盈呢。”

“哦！看来我得重新学习经济学了。话说我上大学的时候辅修了经济学专业，但是自从大学毕业以后基本上没有好好复习过经济学知识……顶多也就是看看新闻报纸的经济财经版面吧。”

“其实谁都一样，呵呵。现在也不晚，好好复习一下以前学过的知识吧。”

“但是崔哥……我得学到什么程度才算合格呢？你说我大学时学到的那些知识是不是有点儿不够呢？”

“哎呀，这个嘛……当然了，知识水平越高，对你的帮助肯定也是越大的。不过呢，为了让你的投资获得成功，就没必要一定要求高水平的专业知识了。实际上最重要的不是知识水平，而是看你如何有效地、灵活地运用你学到的知识。实际上，人们在投资上失败的原因并不是他们不知道投资原则或者说这些书本上的知识太难掌握。‘找出好的股票和基金，长期、分散地进行投资。’这种原则谁都知道，但是很多人都无法坚守这些原则。也就是说，并不是投资原则太难了才会导致他们失败，而是他们没有坚守这些原则才会让他们失败的。”

“对啊崔哥，对于散户来说，要坚持这些原则实在是太难了，简直就是一种负担。贪婪慢慢地占据我们的内心……思想斗争其实很累的。”金晓阳有点儿调皮地接过了崔大友的话。

“对经济和金融指数的理解也是一样的。就拿我来说吧。我虽然在做PB工作，但实际上我运用的并不是什么高深莫测的知识。根据我的经验来看，与其学习新的技法，还不如把我们所学到的知识运用到投资上去。知道和运用完全是两码事。小金你也应该知道，我们国家的教育从传统上就是以背诵为主的方式。基本上看你背得怎么样来决定你上哪个学校、进哪一家公司，等等。所以，我们一直是更在乎死记硬背而不是想着怎么去运用我们学习的知识。在大学不也是一样吗？讨论式、案例分析式的授课方式很少，还是老师口头讲述的课堂陈述为主。我不知道现在的大学生是什么样的，至少我们那个时候还是这种方法。所以，大部分人虽然知道的知识很多，却不会运用那些知识。他们只学会了怎么把知识装进脑袋里，却没有学会怎么去运用它们。”

“对啊崔哥，我在上班的时候好像也很少用到大学时候学过的知识。一开始上班的时候基本上每天都被前辈们挑出毛病。他们那时候说得最多的话就是‘你上学的时候都学什么了’……”

“嗯，话又说回来，投资和理财相关的知识也是一样的。在我看来，以我们的信息和知识水平，基本已经达到了投资和理财所需要的基础实力。从今以后，小金你要更注重如何运用已经学会的知识。在你想要把新的知识装进大脑之前，反复练习你现在已经学会的知识，把它们运用到投资中去。不能学以致用的话，学它又有什么用呢。最重要的不是有没有知识（当然也重要），而是看你能不能运用它。”

“我们要学的知识，基本上都已经学过了。只是还没学会如何去运用它们。”金晓阳又一次调皮地说道。这次他还把双手和下巴举得很高，就像是中世纪欧洲的骑士在宣读某个重要文件一样。

那天回家的路上，金晓阳想了很多很多。回想起来，炒股失败的人里面基本上没有几个人对经济大走势有所了解。选哪只股票的时候头头是道，但是对经济环境却没有多少见解。甚至那些所谓的投资专家们，他们虽然饱读炒股相关书籍，而且对技术分析和财务报表分析都有一家之见，但是没有对经济环境加以足够的重视，最后同样走向失败……他们失败的原因就是只注重“选择股票”而没有关注另一个重要因素——“经济因素”。即使他们能挑出好的股票，却不知道什么时候入市才最好。

回首自己的过去，金晓阳觉得自己也曾经是那样的。对市场走势缺乏了解和认识，导致该买的时候不买，该卖的时候没卖。市场的走势说白了也就是经济的走势，那么市场上发生了经济和金融事件的时候我是怎么应对的呢？我有没有自己的独特视角？我有没有想过获益和亏损的概率呢？原来，我一直自负地以为只要挑中好的股票就没问题，管它经济走势啊市场啊这些空洞的概念。现在看来，那时候真是糊涂！白忙活一场！

你不可不知的理财秘密

投资是概率游戏。我们不是要挑选“要上涨的股票”，而是要去挑选“上涨概率更高的股票”。一定要记住这一点，要时时刻刻地记住！

更重要的是要找出恰当的时机，也就是判断该什么时候入市决战。这一点比前面提到的“挑选上涨概率更高的股票”更重要。它能保证你在股市中生存下来。股市大环境不好的时候大部分股票都在下跌，股市大环境好的时候大部分股票都在上涨。那么，与其在股市不好的时候挑选好的股票还不如在股市好的时候随便找一个差不多的股票进行投资。总而言之，市场走势的重要程度高于单个股票的重要程度。

因为东方国家传统的教育方式，人们只学会了怎么把知识装进脑袋里，却没有学会怎么去运用它们。知道的知识很多，却不会运用它们去创造财富。最重要的不是知识水平，而是知识的运用。

第二章
心动不如行动，投资务必抢占先机

如何赢在起点才是制胜的关键

当经济周期还处在衰退阶段的时候，当电视、新闻等媒体还在大肆报道“经济还会更差”等新闻的时候，真正的经济谷底有可能已经走过了，开始触底反弹了。

金晓阳从崔大友那里学到了一些知识后，对韩国的经济周期规律产生了浓厚的兴趣。没过多长时间，金晓阳就掌握了经济走势的判断方法，他的投资开始比较令人舒心了。一旦投资进入正轨，那个关于大房子的梦想看上去也就不那么遥远了。

“老公啊，你做什么呢？都整理好了吗？”

金晓阳还没回过神来呢，发现妻子拿着一个空纸盒站在他面前。

“呃，不，还没……”

金晓阳把日记本放回书架上，胡乱搪塞了一句。

“老婆，你去外面稍微歇会儿吧。顺便带着孩子们一起玩儿玩儿。沉一点儿的东西都整理好了，要扔的也没多少，剩下的由我一个人来就行了。”

金晓阳的妻子今天格外有活力。对于她来说，搬到比现在更大的房子应该是一件很令人高兴的事情。金晓阳对妻子真是可以说感激涕零了。一起赚钱、照顾孩子，这么长时间一句怨言也没有是不可能的，不过幸好没有激烈的争执。而且妻子一直都鼓励着金晓阳，并全力帮助他。

“啊？可以吗？那我去公园找孩子们啦！”

对妻子而言，今天整理行李的差事，不是体力劳动，而是快乐的游戏。

第二天，金晓阳和妻子、孩子们一起去了电子产品卖场。从结婚到现在已经过了10年，当时买的家电产品都已经变成了淘汰产品。虽然还能再使用一阵子，但是金晓阳想给妻子换一套新的。正好也给辛苦10年的妻子换换家庭氛围，给新的房子配上新的电器。那天虽然是周末，但是电子产品卖场却没有多少顾客。

“最近经济好像不太景气呢……没多少人买东西呀？”

“就业不太好，而且还有Double Dip（二次探底）呢。”

“前几天的新闻上说这次经济萧条有可能会长期持续下去……老公，你的投资没关系吗？”

妻子的口气貌似有点儿担心，但是她的神情却很明亮。从妻子的眼神中可以看出她对金晓阳的信赖。以前，金晓阳说服妻子，把她存起来的那笔要用来买房子的资金投到资本市场上运作，购买股票型基金。这不，理财比较成功，房价还在涨呢，金晓阳他们却提早买回了原先的大房子。金晓阳夫妻俩一起赚钱存起来的定投账户上有1亿韩元，这是他们7年来的积蓄。妻子的基金账户上却有3亿韩元，这是去年赎回的。这几年，房价已经上涨了一倍以上。要是一直放在定期存款里，那么他们绝不会有机会再买进这个大房子，连想都不敢想吧。金晓阳的直接投资，也就是炒股，妻子从来没有干涉过，但是一直在获利。

金晓阳回了妻子一个微笑，意思是不要担心了。2008年全球金融海啸以后，每次经济频道上播出令人绝望的消息，金晓阳就想延迟购买房子。不是因为房价会进一步下跌，而是因为当所有人都悲观的时候，正是买入股票的最好时机。要是以前的话，在这种经济景气低迷的时候，金晓阳绝不敢贸然入市。金晓阳又回忆起从前了。

侥幸心理千万要不得

“崔哥，您买Lotto（乐透）吗？”

那是2003年春天的某个周末的晚上，金晓阳一家在崔大友家一起吃了晚饭后。

“最近又开始刮起Lotto风潮了吗？梦想着人生逆转的人还真不少……我也是想看看这个Lotto到底长什么模样，就买了一次……不过那次是第一次也是最后一次。”

“啊，是吗？我最近也是每周都买……不一定啊，万一幸运女神抓住我的手了呢。”

“小金，我们这些搞投资的人千万不能有那种侥幸的心理，连那种想法都不应该有。你要有意远离这种想法才行。”

“我这只是从零花钱里拿出一点儿来买的，这也不行吗？”

“投资的基本原则是概率。如果你想做投资获得成功，就要时常把概率放在第一位，然后再作决定。仔细想想，小金，你抽中Lotto一等奖的概率有多高？”

“听说是八百万分之一左右吧。”

“是的。也就是说这个概率比你被雷劈到的概率还要低。你要是知道了这个概率，还想在上面押注吗？你在买Lotto的时候就相当于抛弃了‘概率’而选择了‘运气’。抛弃了冷静的判断，转而希望侥幸的出现。你可能会说一次两次无所谓吧，一次才2000韩元也没什么吧？其实不然啊，小金。你想想，有了一次就会有下一次，这样的Lotto会一直持续下去。这样的话，2000韩元变成2万韩元，再变成20万韩元。我再强调一遍，做投资的人是从日常开始就用概率来判断、下决定的。”

“哎呀，我知道了。我这随便一说却让您说了一通……这倒无所谓啦。不过我看世界杯结束后韩国经济景气在迅速下降……这种时候是不是应该静观其变，或者缩小股票比重呢？”

“这个嘛……可能也是，也可能不是吧。”

“什么意思？有可能不是？”

“我也是给我的顾客减了仓，降低了他们的股票型基金的比率。但是现在这个时候不一定只考虑减仓，说不定还是考虑建仓的好时机……”

“啊，是吗？崔哥，那您是不是觉得现在差不多就是这次经济衰退的谷底了？”

“不，我觉得经济状况应该是还要走一段路才会到谷底。现在就说经济衰退结束，应该还为时尚早吧……”

“那您这话到底是什么意思呢？您一边说经济状况还会恶化，一边又说开始考虑建仓……我感觉前后有点儿矛盾呢。”

金晓阳侧了一下头，表示不理解。

“前后不一致？呵呵。那我问你，是经济状况开始好转了再出现股价回升呢，还是股价回升后经济状况开始好转呢？”

“那当然是经济状况变好了以后才会出现股价回升吧。要是经济状况不好，企业业绩也不好，股价怎么会开始回升呢？”

“那，你有没有听说过股价先行于经济变动？”

“这话我倒是听说过。这基本上算是炒股人士的常识吧。”

“那好，我再问一次上面的问题。如果股价先行于经济变动，那么是股价先回升呢，还是经济状况先好转呢？”

“哦……这么说来，应该是股价先开始回升呢。”

“对吧？股价先行于经济变化，这句话的意思也就是说股价先回升，然后经济状况才开始出现好转。如果经济状况好转了之后再开始出现股价上升，那就是股价后行于经济变动了。实际上股价指数是经济先行指数的指标之一。也就是说，政府也在盯着股价，如果股价上升了，就认为或者判定经济状况开始好转了。”

“哦，原来如此啊！”

“既然这样，股价的谷底应该是在经济变动的谷底前到来吧？虽然经济状况越来越不好，但是股价或许已经开始从最低点反弹回升了。”

“啊……原来是这样的呀！真是……太长见识了，那股价一般提前多长时间变化呢？”

“这个问题嘛……每个分析师都有不同的看法。不过一般来说，普遍认为股价比经济变化提前6个月左右吧。”

“也就是说，只要能准确预测什么时候是经济变化的谷底，就能判断股价的谷底在什么时候出现了？”

“正是如此。所以呢，我们对经济的理解是非常重要的。最近韩国银行和其他民间的研究机构都发布了他们的研究报告，预测今年第二季度或第三季度就会出现经济的触底反弹。这是一个很重要的信息。也就是说我们从那个时间段往前推算6个月左右就能找到股价的谷底。现在已经是3月份了……也就是说，股价很有可能已经开始触底反弹了。”

“哦……”

“当然现在还不能完全确定。我现在想跟小金说的意思主要不是告诉你什么时候是股价的最低点。而是说像现在这样每天都在报道经济状况越来越低迷的时候，大家都在纷纷减仓的时候，正是应该以抄底的视角看待这个市场的时候。等到经济开始回升的时候再买进股票，那就晚了。股价已经在6个月前开始触底反弹了呀……”

“哦……明白了，明白了。”

“你还记得我以前对你说过，如何运用知识比学习知识更重要这句话吧？这件事虽然听上去不那么起眼，但是能造成很大的差异。大家都知道股价先行于经济变动这个道理，但是很少有人能熟练地运用这个知识去进行投资。即使你已经知道这个道理却不知道怎么去应用这个知识，那么你会失去一次绝好的抄底机会。或者你看着电视和媒体的报道，认定现在经济状况越来越差，很有可能就低价变卖了手头持有的股票。现在应该是‘如何低价抄底’，而不是‘如何低价割肉’。我再重复一遍，像现在这样，媒体的报道倾向于经济越来越不好的论调，这种时候更应该考虑什么时候买进股票而不是如何去割肉。”

战胜人性的弱点：既要懂得也要能够做到

崔大友的理论很简单。没有复杂的理论，也没有很深度的推论。投资者差不多都明白这个常识。但是崔大友却能够熟练地、绝妙地运用这个常识到他的投资中去。不，说不定不是崔大友太厉害，而是我们一般人太缺乏应用能力了。

“股价先行于经济变动”这句话，其实是大家都知道的。但是，财经新闻或媒体每天都在报道经济状况越来越不好，试问有几个投资者敢去买股票？都忙着割肉吧！大部分人应该是这么想的：“现在经济状况这么不好，股价怎么可能回升呢？这肯定是短暂反弹。过不了多长时间还是要跌得更厉害。”然后他们会很惊奇地发现股价一直上升。等到经济新闻开始大肆报道经济状况已经开始好转了，他们就开始大规模地买进股票。不过，这个时候已经是股价触底反弹过很久了……

炒股散户中很少有人赚大钱的原因是什么呢？就在于他们在该买进的时候卖出，该卖出的时候却买进。这种做法和炒股的基本做法——“贱买贵卖”是背道而驰的，是“贵买贱卖”。因为他们都是在股价涨了很长时间后才买进股票，所以没有办法赚钱。

之后，金晓阳仔细观察了经济变动和股价的变动之间有什么样的相关关系，持续观察了一段时间。从结论上来看，崔大友的理论基本上都很正确。股价都是先行于经济变动，率先触底反弹，而且两者之间的时差确实也在6个月左右。

而且，当财经新闻上出现满篇的“经济状况越来越不好”、“明年经济前景更为暗淡”、“经济衰退将会持续”这种负面报道的时候，散户们顶不住自己心中的不安和担心，开始清仓割肉；而股价却开始从这个时候达到那一次衰退的最低点，开始转进上涨通道。实际上，经济衰退相关的新闻报道和股价上涨相关的报道同时出现的情况也不在少数。

金晓阳发现了又一个有趣的现象。那就是：股价先行于经济变动的规律只适用于寻找最低点的时候；而在寻找最高点的时候却不适用。也就是说，买入股票或者基金的时候，需要提前开始准备建仓；但是卖出股票或赎回基金的时候却是另外一种做法。

经济专家其实没那么神乎

那是在2003年10月左右。

“崔哥，去年经济增长率居然达到7%了。看来世界杯的经济拉动效应很大呀，令人惊叹。难怪很多国家都争先申请世界杯和奥运会的主办权呢。”

“嗯，是呀。是不是希望再举办一次世界杯呀？”

“您可别提了。咱先不说有没有经济效果，光是看球这个好处就已经让我向往不已了。韩国要是能再举办一次世界杯，我这一生都别无他求了。去年的那股热情，至今记忆犹新呢……现在想来也很激动呢。而且，还让我认识了崔哥您呢。”

“呵呵，是呀……”

“我还盼着2006年德国世界杯早点儿开始呢。都觉得时间过得太慢了。”

“呵呵……没想到小金还是个急性子呢。咱先不说这个，你那个股票买得差不多了吧。”

“嗯。留了10%左右的现金流量，其他资金都用在建仓上了。上次和崔哥谈过以后，还想了一阵。那时候经济状况很不好，却要开始买入股票，觉得有点儿不可思议。不过一想到这是一个抄底的好机会，就想开了。看来报道经济衰退的财经新闻不一定是令人绝望的，倒是告诉我们什么时候是抄底的时候。后来反而开始期待了呢，哈哈。”

“哎哟，你这变化倒是蛮大的嘛！”

崔大友脸上浮起了满意的笑容。崔大友很喜欢跟金晓阳聊天。金晓阳的思维和心灵一直都是开放的，非常积极地接受外界的新事物。

“然后，我又去查了KDI（Korean Development Institute，韩国开发研究院）和其他研究机构发布的资料。就像崔哥您说的那样，第二季度和第三季度都被认为是经济衰退的转折点。而且，股价在今年3月份到了515点的最低点后，开始强劲地反弹。我就想‘这应该是说明股价触底反弹了吧……’。所以我就在4月份和5月份分批买入了股票，基本都是在500点至600点左右的时候买进的。”

“哦，跟我差不多呀。我也大概在那个时候给我的客户建仓了，主要是股票型基金……”

“这些全靠您这位好师父呀。”

“师父……呵呵，这话听起来蛮不错嘛！”

“我也是经历过之后才发现，知识的应用是何等的重要。我在看经济新闻报道经济衰退的时候，一想到这只是为了确认最低点，心里踏实了很多。突然觉得自己挺有出息了呢，呵呵。”

“对，就是这样……另外还有一件事，最近我在分析一些有关经济周期的资料，主要是为了看清楚市场的走势。我发现金融危机前和金融危机以后的经济周期正在发生变化。金融危机以前，一个经济周期的平均时间是53个月左右。经济扩张期是34个月左右，约为3年不到的时间。经济收缩期，也就是衰退期基本在19个月左右，约为1年半。不过金融危机以后，这个周期好像大幅缩短了。你看看这个走势图。”

崔大友给金晓阳看了一个图表。

经济动向指数走势（1987年3月至2003年9月）

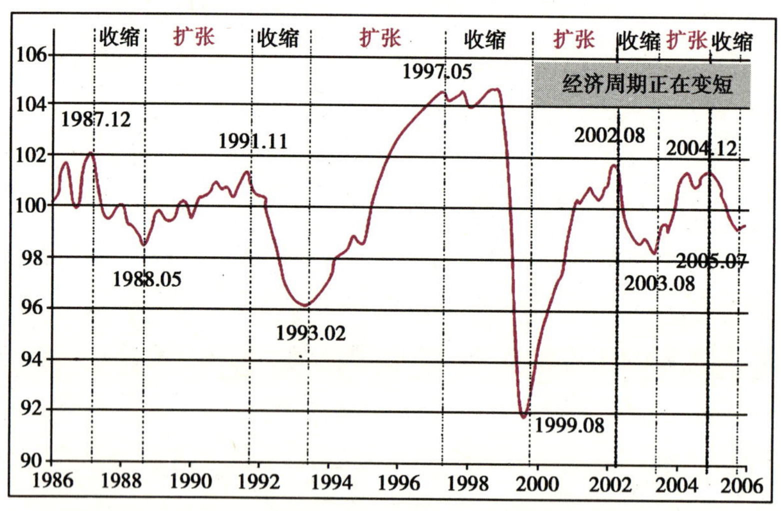

“哦……还真是您说的那样呢。金融危机以后经济周期正在缩短。”

“这个现象可能是一时的，还不能完全确定是结构性的变化。不过至少能知道这一次的经济扩张期比往年的要短，是一个很重要的参考指标。”

“啊，是吗？有点儿令人失望呢……这次我好像是正好在低点买进的……我还希望股价涨很多让我赚很多钱呢……”

“现在还没有完全确定，咱们再慢慢看看吧。虽然股价这个东西跟经济有密切的联系，但不一定只有经济这一个决定因素……”

在那次谈话以后，金晓阳开始跟踪韩国统计厅发布的经济相关指标。相关部门一发布数据，他就尽快将数据存进自己准备的Excel文件里，做成跟踪数据库。经济循环周期果然像崔大友所说的那样，在逐渐地缩短。除此之外，金晓阳还发现了一些有趣的规则。这些规则在日后金晓阳和崔大友预测经济和股价高低点的时候，发挥了重要的作用。

在变化中寻找不变的规律

根据2007年8月份韩国银行发布的资料显示，金融危机以后韩国经济发生了重大的变化——经济循环周期缩短，经济变动幅度减小。韩国经济周期在金融危机以前是平均52.8个月，但在金融危机之后缩短为平均26.7个月，几乎缩短了一半左右的时间。经济状况逐渐好转的经济扩张期从以前的34个月左右缩短为16个月左右，经济状况逐渐变差的经济衰退期从以前的平均18.8个月缩短为10.7个月左右。也就是说，在平均16个月左右的时间内，经济处于扩张期；在其后的10.7个月左右的时间内，经济处于收缩期。这种扩张和收缩在循环地、反复地发生。

而且，在金融危机之前，经济扩张期和收缩期的经济增长率差异是平均2.8%，在金融危机以后缩小为平均1.0%。也就是说，在金融危机以前，经济好的时候和经济差的时候会有很大差异，给人的感觉非常明显；但在金融危机以后，经济好和不好的差异并不那么明显，人们实际感觉起来并不容易。虽然这表示经济的稳定性在提高，但是从另一方面来说，也表示经济的爆发力在减少，潜在增长力在降低。

经济增长率历年走势

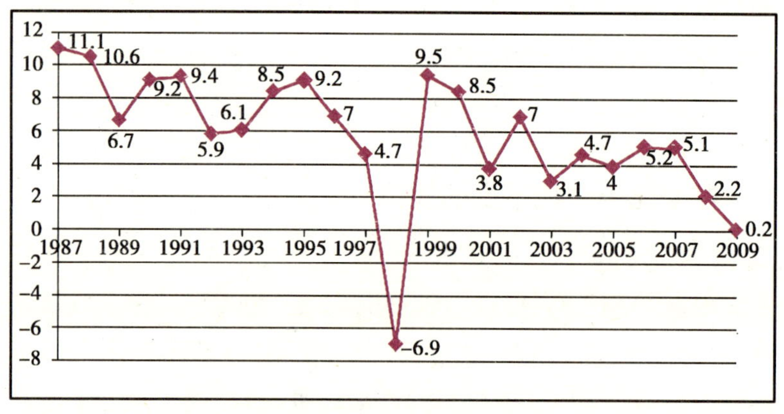

纵观金融危机以后韩国经济的季度增长率，很容易发现金晓阳和崔大友对话内容中的经济循环周期的规律。

每季度经济增长率

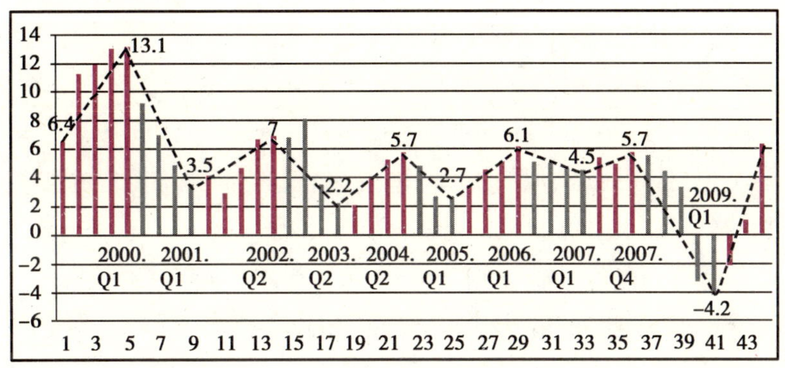

上面的季度增长率走势图中，每个柱形表示一个季度（三个月）的经济增长率。柱形越长，说明经济增长率越高，经济状况越好。其中用颜色表示的期间代表着经济扩张期，也就是经济增长率逐渐提高的时期；用灰色表示的期间代表着经济收缩期，也就是经济逐渐衰退的时期。看这个走势图就能发现颜色柱形连续出现4至5个。这表示经济扩张期持续4至5个季度（12至15个月）。同理，表示经济收缩期的灰色柱形连续出现3至4个，代表经济收缩期持续3至4个季度（9至12个月）。

同时，经济最差的时间点，也就是经济的谷底是在灰色柱形最短的那一时期；经济最好的时候，也就是经济的高点是在颜色柱形最长的那一时期。经济周期是从经济的最低点到下一次最低点为止，或者是从经济的最高点到下一次经济最高点为止的时间。若从此期间中的柱形数量来计算经济循环周期，我们可以发现经济在8至9个季度（24至27个月）内完成一次经济循环。总的来说，我们可以这么理解：一次经济周期基本在2年左右的时间内完成经济的扩张和收缩，也就是1年扩张后1年收缩。这种过程反复、循环地出现，成为经济循环。

这是金晓阳和崔大友发现的第一个规律。

不只是经济周期上的规律，在形成经济最高点和最低点的问题上也可以找到类似的规律。首先来看看判断经济低谷的共同规律。

经济的低谷分别出现在2001年第一季度、2003年第二季度、2005年第一季度、2007年第一季度、2009年第一季度。主要集中在“奇数年”的“第一季度”。也就是说，在每个奇数年的第一季度（1至3月份），主要出现经济的低谷。

如果像这样的规律一直维持下去，那么谁都能轻易地预测下次的经济低谷。估计在2011年第一季度的时候出现经济低谷吧。

要是在这里应用一下前面提到的“股价先行于经济变动”的知识，那么我们可以找到股价的低谷在什么时候出现。股价的低谷很有可能在经济低谷的6个月前，也就是在奇数年的第一季度前6个月左右的时点上出现，即2010年的7月份到9月份的时候。也就是说，若我们视2005年的第一季度为经济低谷的话，在2004年7到9月份也就是第三季度出现股价的低谷，开始触底反弹。这当然是低价抄底的好机会。

实际上，金晓阳在2004年夏天，也就是因为油价上涨、美国加息引起市场担心经济衰退的时候，分批买入了低价的股票。同样，在油价飙升、通胀预期加强、中国实行紧缩政策等原因导致市场心理紧张的2006年夏天也分批买入了低价股票。实际上，股价的低点在2004年8月2日（偶数年第三季度）和2006年6月（偶数年第二季度末）出现了。这么说来，金晓阳用简单、易懂的规则预测了买入股票的最佳时机。

每季度经济增长率（低点）

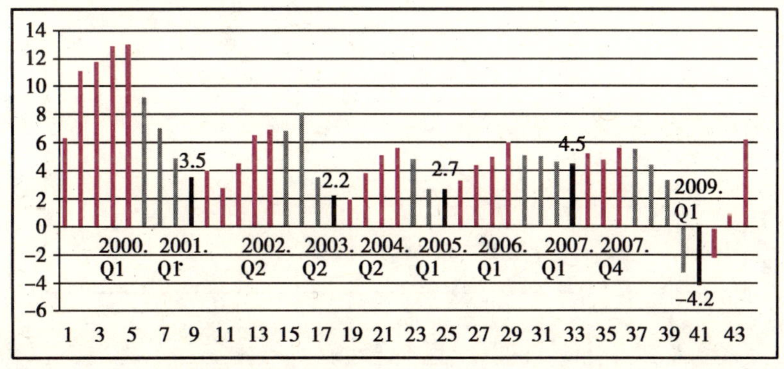

不过，在运用这种规律的过程中，金晓阳感到了一丝不安。因为这个规律不是绝对的，很有可能发生变化。也就是说，自己预测了经济和股价的最低点并买入了股票，但发现股价还是继续下跌。实际上，在全球金融危机发生的时候，股价低谷出现在2008年第四季度。

为了避免这种由于规律变化而出现的判断失误，金晓阳在“经济低谷—股价低谷”原则的基础上又给自己加了一个买卖规则——“膝盖买入，肩膀卖出”。具体说来，即使判断出什么时候是经济低谷也就是说即使知道什么时候是股价的低谷，也不要先着急买入。等股价明确地走过股价低谷以后，上涨了一小部分的时候，再买入股票，也就是“在膝盖处买入”。

放弃了在最低点买进，在稍高的价位上买入股票；以此为代价，大幅减少股价持续走低的风险，基本可以确认股价的整体走势。

股票买卖时机示意图

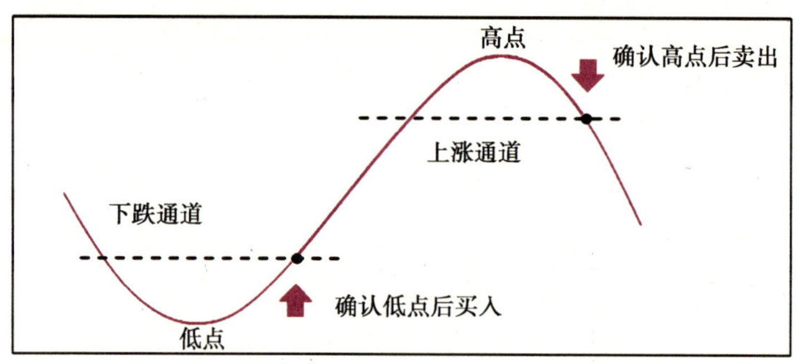

当然，出售股票的时候也不急于在高点卖出。等股价走过高点一阵后，已经确认走进下降通道的时候再卖出股票，以确保股价已经走过最高点。

下面再看看经济周期的最高点。

每季度经济增长率（高点）

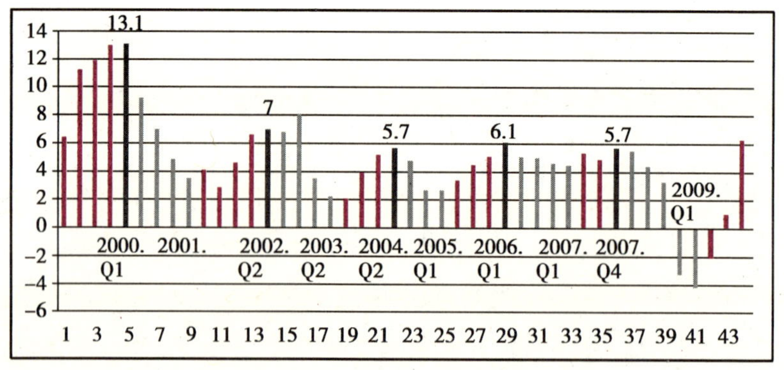

金融危机以后，经济循环的最高点分别在2000年第一季度、2002年第二季度、2004年第二季度、2006年第一季度、2007年第四季度出现过。除了次贷危机给市场造成严重影响的2007年以外，其他的最高点都出现在“偶数年”的“第一季度或是第二季度”。也就是说，在每个偶数年份的第一季度或者第二季度出现经济周期的最高点。

那么股价的最高点也会像最低点那样走在经济变动前6个月左右吗？如果是这样，那么是否也应该像最低点的时候那样，提前6个月处理掉手头的股票和基金呢？

在股价最高点走势图中，用圆圈表示出的部分是出现股价最高点的时候，上面的数字表示股价记录最高点的日期。我们来看一看这些股价最高日期都有什么样的共同点。

股价指数出现高点的日期（1999年至2009年）

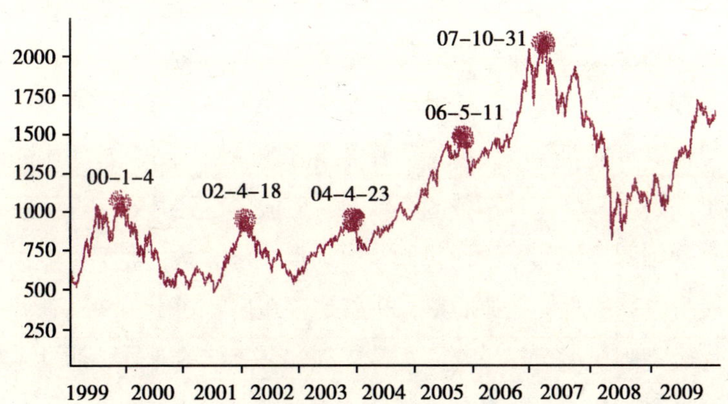

它们分别是：2000年的第一季度（1月4日）、2002年的第二季度（4月18日）、2004年的第二季度（4月23日）、2006年的第

二季度（5月11日）、2007年的第四季度（10月31日）。我们将这些日期与前面提到的经济周期最高点进行比较，不难发现经济周期的最高点和股价的最高点几乎在同一时期出现。也就是说，股价并不是先行于经济周期率先出现股价高点，而是在经济最高点的时候同时出现股价的最高点。同时，当经济周期走进收缩期的时候，股价也伴随着经济周期走进下降通道。总的来说，经济最好的时候股价也达到最高点，所以我们不应该提前出售手中的股票，而应将其保留到经济周期最高点的那一时期。

但是，在运用这一规律时，也存在一个问题。何时出现经济的高点，这一问题只能等过了一段时间后通过各种统计数据才能得以确认。在经济周期达到高点的那一时刻，并没有直接的办法确认是否已经达到经济周期的最高点。为了解决这一问题，金晓阳和崔大友考虑了很多种解决方法。最后他们采用了“经济（景气）先行指数”（前年同月同比）——它能提前反映经济的动向。

实际上，若观察经济先行指数和股价指数之间的关系，我们可以轻易发现这两个指数的高点出现的时期几乎是一致的。也就是说，一旦发现经济先行指数开始下降，就可以处理掉手中的股票了。因为经济先行指数的下跌意味着股价已经开始走进下跌通道。这种做法虽然无法让我们在最高点卖出股票，但至少能保证在股价较高的时期卖掉股票，也就是“在肩膀卖出”。

金晓阳灵活运用了这一规律，在2006年初的时候，通过观察经济先行指数的下降来预测股价的最高点已经达到或过去。而那个时候，大家还在谈论经济将会继续上涨。

另外，在2008年，金晓阳也通过经济先行指数来判断了股价的最高点。在美国次贷危机迅速扩散的情况下，他提前嗅到了经济衰退的气味，趁早处理掉了自己手中的股票。

金晓阳和崔大友坚定地相信并灵活地运用了“经济周期以2年为单位进行循环”和“股价低点先行于经济周期的低点，而股价的高点与经济周期的高点同时出现”这两个很简单的规律。这两个规律看似简单、初级，却让金晓阳和崔大友赶在别人前面正确预测了经济和股价的走势。他们在这个简单规律的帮助下，反复地在低点以低价买进，在高点及时出售，真可谓每次都抓住了适当的时机。

实际上，在这一规律中使用的单位——“季度”是3个月长的时间。在股市中，3个月的时间基本上算是比较长的期间，并不是一个精细的时间分割。尤其是像在韩国这样变动性较大的市场上，3个月的时间足以带来10%以上的股价变动。虽然“季度”这个单位无法精密地告诉他们买入、卖出的准确时间，但足够让他们看清经济的状况并预测市场的走势。纵使只能判断买入和卖出的时机，也能大幅提高胜出的概率。实际上，对于投资者来说，最为重要的和最为困难的判断当属“对买卖时机的判断”。尽管不够精细，但至少提供了一个判断依据。这足以让金晓阳他们与其他投资者的收益率有了较大的差异。

对于金晓阳来说，之所以能发现这些以前连想都没想过的有趣规律，是因为他和崔大友的相逢。崔大友不断地用经济和金融市场的话题以及对统计数据的整理和分析，帮助金晓阳更深入地了解知识。更重要的是帮助金晓阳熟练地运用他所学到的知识。金晓阳在崔大友的引导下，一步一步地向前进步。

经济先行指数高点和KOSPI指数（2001年至2009年）

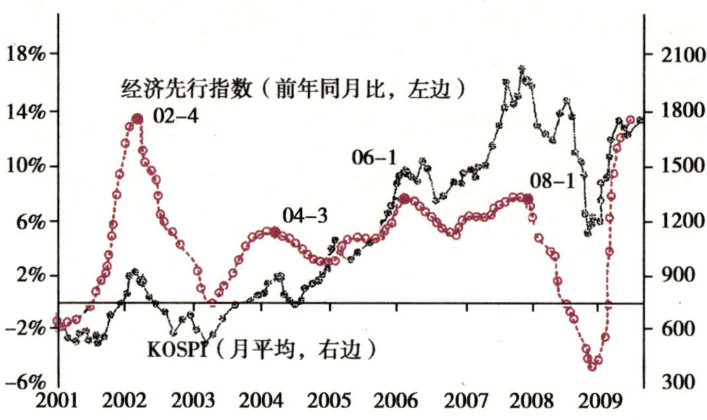

注：KOSPI，Korea Composite Stock Price Index的简称，韩国综合股价指数。

妻子在泡菜冰箱的展示区认真听着售货员的说明。她一直想要一个泡菜冰箱。现在住的房子太小了，没有地方放下那么大个儿的泡菜冰箱。

虽然昨天晚上整理行李到很晚，但是妻子的脸上一点儿都感觉不出疲劳，倒是能感觉出她的欢乐。当然了，金晓阳的心情也非常非常舒坦。

小草和小芽还在电玩展示区，正玩得热火朝天。他们后面还有七八个孩子在排队等着玩展示用的游戏机。

金晓阳转移到了商场一角的休息区。要等妻子挑几个候选商品，还需要至少一个小时吧。对于金晓阳来说，购物是一件非常头疼的事情，但对于妻子来说，购物是无比快乐的。所以，金晓阳和妻子经常用这样的方式来完成购物——妻子一个人在展区逛一圈，每种商品都挑选两三个型号作为候选；在这段时间内，金晓阳要么一个人在休息区休息，要么照顾孩子；之后由金晓阳和妻子一起商量决定买哪一款。

金晓阳从免费提供的自助咖啡机上倒了一杯咖啡，舒服地坐在沙发上，拿起了当天的财经报纸。头条新闻没看清楚，倒是在第一面的一角处刊登的财经新闻令他产生了兴趣。这则报道说的是IMF小幅提高了2009年和2010年的韩国经济增长率预期值。上个月，IMF也发布了一个比较乐观的报告，说在OECD（Organization for Economic Co-operation and Development，经济合作与发展组织）成员国中，韩国的经济增长率应该是最高的。而且在这段时期，一向对韩国经济预期持悲观态度的外资银行及海外研究机构也纷纷发表报告称，韩国的经济增长率预期比以前更高了。这段时间对韩国经济的看法真是发生了很大变化呀!

房子是每一个家庭的梦想

会不会后悔新买了这个房子？金晓阳再一次想到了这个有点儿为时已晚的问题。实际上如果不是妻子和孩子，金晓阳并没有觉得半地下室的那个住宅有什么不妥。而且他认为与其现在买一套房，还不如用那笔资金投资到股市。房地产经济周期一般在5到10年左右。2007年开始出现房地产市场回调以后，今后一段时期内很难出现房价的大幅攀升。这就是金晓阳的想法。

相反，股市倒是进入了一个较为大型的上升通道。股价在前段时间突破了500至1000点的区域，这是将近20年来的首次突破。只要不出现很大的意外，现在这个上涨通道应该会让股价涨到一个很高的水平，而且上涨趋势也不会轻易发生变化。所以这个时候要是把资金都投在房子上，不就是浪费了赚大钱的绝好机会了吗？

不过呢，话又说回来，买一个30坪的房子对于金晓阳夫妻来说有着重要的意义。金晓阳算是给妻子一个交代，补偿了自己当年因炒股失败而输掉的房子。最近几年，金晓阳认真地管理资产，也是因为他想还清自己对妻子欠下的债——心债。所以呢，金晓阳就没有想那么多了，闭上眼睛说："好，买房子就买房子！"他默默地想："崔哥现在应该是考虑加仓了吧？"

金晓阳翻看财经报纸时发现了一则有关韩国经济增长率目标值的争论。韩国到底能否回到过去那种高速经济增长期呢？从结论上来看，由现在的人口变化趋势和经济结构决定，那是一个不可能实现的目标。实际上，金晓阳在几年以前就预想到了韩国将会进入发达国家型的低增长经济时代。那个时候好像是2004年春天吧。

国家在下一盘很大的棋

"崔哥，虽然去年发生了很多问题，诸如伊拉克战争、朝鲜核问题、LG信用卡事件，不过我看到今年一季度的经济增长率又恢复到了5%的水平。要是能好好地熬过这次经济危机，那么韩国是不是还能再次回到以前那种高速增长的时代呢？”

“这个嘛……”

“前几天我看新闻，说在1997年金融危机以前，韩国经济的平均增长率达到了8.25%……现在亚洲金融危机也过去了，2003年的危机也熬得差不多了，应该能回到以前那种高速增长时代吧？”

“亚洲金融危机以后韩国确实克服了很多困难。但是我认为，韩国经济应该是很难再回到以前那种发展模式了。”

“这又是为什么呢？您看，IMF的借款也还清了，韩国也成功举办了世界杯，企业也通过重组改革获得了更好的体质……我们没理由不能回到以前那种时代呀？现在韩国经济的健康程度比以前好很多了，所以应该能实现更高的经济增长率吧，不是吗？”

“要是能那样的话，当然是最好的了。我也希望是那样。但是实际上我认为，韩国已经开始进入结构性的低增长时代。”

崔大友顿了一下，稍微整理了一下自己的思绪。

“小金，你认为韩国能成为发达国家吗？”

“当然了。我们的目标不就是成为发达国家吗？现在立刻实现这个目标应该是比较困难的，不过我认为我们用不了多久就能成为发达国家。去年的人均收入，要是换算成美元的话，又重新回到了1万美元的水平。亚洲金融危机过了5年后我们又一次实现了1万美元的人均收入。”

“是的，你说得没错。不过，要是真成了发达国家，经济发展速度是不是更慢呢？或者说成为发达国家以后经济增长是不是更难了呢？”

“为什么呢？成为发达国家以后经济体质会更好，经济不是更容易发展了吗？”

“那你说说我们判断是否成为发达国家的标准是什么？”

“那当然是国民收入了。”

“发达国家是指国民收入高的国家，是吧？那么国民收入高，对企业来说意味着什么呢？”

“是啊，意味着什么呢？”

“国民收入提高就意味着工资的提高。国民收入不就是这一国家的公民赚取的收入吗？公民的收入增加，也就意味着工资提高了。国民收入提高后，消费、生活、教育的水平也相应地提高。这么一来，员工们要求的工资也会随着上涨，也就是整个社会的工资水平会上涨。”

“是啊……”

“最近在韩国频频出现就业难和招工难两者并存的现象，这其实是因为工资提高了。在国民收入增加、教育水平提高后，人们的预期工资也水涨船高。但是企业开出来的工资水平却没有跟上步伐，所以招不到足够的员工。工作机会就摆在那里，但是却没有人愿意去拿较少的工资。干脆当个失业者，一了百了。另一方面，企业招不到人，只能招来外国劳工来填补人员的空缺。”

“听起来还真是那么回事呢。”

“企业为什么无法给员工支付足够的薪水呢？是因为这么高

的工资标准会侵蚀企业的利润，直至企业收支不平、出现亏损。这也导致企业的价格竞争力下滑。那么这个时候企业将会采取什么样的措施呢？假设小金你是一家企业的CEO，你正要新建一个厂房。那么你有两个选择，一个是在韩国投资建厂，另外就是去中国等发展中国家建厂。如果去中国建厂的话，能用十分之一的费用来生产商品。那这个时候小金你会怎么选择呢？”

“那当然是去中国建厂喽。”

“对，就是这样。实际上最近很多制造业企业都去中国或者东南亚、中南美等地投资建厂，或者直接转移到那边去。‘制造业的空洞化’现在已经成为了社会层面的重大问题，这个你知道吧？我们国家在成为发达国家的过程中，肯定会出现这样的现象，这是无法避免的。其他发达国家的发展过程中也出现过类似的情况。比如总公司在本国，但是生产工厂都无一例外地建在国外，尤其是发展中国家。就是因为发展中国家的人力费用非常低廉。

“同样的商品，若是在低工资的国家生产的话，就多出来一部分利润给企业了。

“最后，韩国国内的生产减少，海外的生产会扩大。一方面，企业的海外投资逐渐扩大，另一方面，韩国国内投资却逐年减少。这么一来，国内投资减少，生产会降低，经济增长率理所当然地会降下来……”

“哦，还真是这样。如果国民收入提高的话，工资水平会随着提高。企业因为失去价格优势，所以减少韩国国内的生产，扩大海外生产。韩国国内的经济因为国内投资和国内生产减少，其增长率会逐渐降低。也就是说，随着国民收入增加，离发达国家越近，那么经济增长率会越低。是这样吧？”

“对，实际上，我们要是比较发达国家和发展中国家的经济增长率就可以发现，美国、欧洲各国、日本等发达国家的经济增长率一般都维持在2%至3%左右。而像中国这样的发展中国家的经济增长率达到了10%以上。”

“是呀。”

“韩国经济也是如此。如果它继续这么发展下去，国民收入持续提高，那么韩国国内的生产会越来越少，国内生产会逐年降低。也就是说经济增长率会渐渐降低。而且那些所谓的发达国家通病，什么低生育率、高龄化等问题正在侵蚀韩国的潜在增长率，经济活力也只能下降。”

“我也在报纸上看过低出生率和高龄化这些问题。不过我没有仔细阅读，所以不太明白为什么这些现象会对经济产生重大影响。”

“人口结构的高龄化是指：随着平均寿命的提高，65岁以上的老年人口占总人口的比重提高。现在65岁以上的老龄人口占总人口的比重是8.3%，但是到了2050年，预期会上升到38.2%。老龄人口增加就意味着那些没有经济活动能力并且需要抚养的人数渐渐增多。那么社会整体的福利费用和负担也会跟着增加，投资到经济增长的余力就没那么多了。”

“那么低出生率为什么会降低经济增长的潜力呢。”

“低出生率意味着未来经济活动人口的减少。也就是说那些将来参加工作、创造收入，通过储蓄和消费来引领经济并赡养老年人的人口在减少。也就是说由于低出生率和高龄化，在人口比率中能够工作的人群比率降低，无法工作的人群比率增高。这自然而然地降低了经济增长的潜力，经济的活力也会减少吧！”

“以后这个问题会很严重啊……”

“应该是吧……不管怎么样，去年那个7%的经济增长率应该看成是世界杯效应造成的特殊情况。以后不太可能实现亚洲金融危机以前的8%的经济增长率。”

“您的意思是说韩国已经开始真正进入结构性的低增长时代了。”

“至少从现在的情况看来，应该是可以这么认为的。”

大趋势下小人物的黄金机遇

“不过，低增长时代也有它的应对方案，重新实现较高的经济增长率——发展服务业就可以了。金融、物流、医疗、法律、教育等这些都属于代表性的服务业。不过，大部分的服务业都是由人来提供其产品也就是服务，所以即使是同样形式的服务，所提供的服务的质量也是千差万别。与制造业不同，我们可以把国民收入带来的高工资通过高品质服务的形式来转嫁、消化掉。你想想教育的例子。为什么很多韩国家庭把孩子送到美国去留学？因为美国能提供的教育品质比韩国更高，所以他们理所当然地索取更高的教育费用。很多韩国企业在实施大型M&A（Merger and Acquisition，即兼并与收购）的时候，专门挑选收费昂贵的外国中介机构，也是因为他们提供的服务质量高。”

“哦，是这样啊……”

“再想想这个。韩国政府每次换届的时候都会提出‘发展服务业’的口号。你是不是听政府呼吁过很多次‘要把韩国发展成为东北亚的金融中心’或者是‘物流中心’这种政策？之所以政府反复提出这种服务业发展政策，就是因为以前那种以制造业为中心的发展模式遇到了瓶颈。现在，需要把服务业发展成为新的经济增长拉动力量。只有这样，我们的子女才不会因为经济增长停滞和失业率高而感到痛苦。这肯定不是一件容易的事情。要发展好服务业，首先需要开放市场，提高国际竞争力。虽然从目前来看，从事服务业的人们会反对开放市场，但是从长远来看，别无他法。要不然韩国经济无法跳出低增长的泥潭。失业率提高，国民收入减少，最终会导致对服务业的需求减少。对服务业也是负面效应。”

“是啊，确实是啊。”

“要等到服务业成为拉动经济的主要力量之一，并且具备全球性的国际竞争力，应该需要较长的时间。到那时候为止，韩国经济应该还是会维持低增长的局面。”

“真是令人沮丧呢。要是这样一直维持低增长，企业的业绩会恶化，股市也会停滞不前吧。”

“这个嘛……从投资的层面考虑的话，倒可以看成是一次机会呢。”

“这是什么意思呢？”

“我们进入发达国家型的低增长时代，是源于产业结构升级带来的劳动附加价值提高。这和源于经济衰退的低增长是不一样的。源于经济衰退的低增长低于合理增长率，人们的收入和消费会减少，企业的整体销售额和利润都会下降。但是我们现在的结构性低增长却不是这样。企业为了降低人力费用，去海外投资建厂，但是在韩国国内也会通过‘自动化生产’和‘高效能化’来提高附加价值。所以企业的利润反而会增加。实际上，那些发达国家的经济增长率比韩国低很多，但是那些国家的企业有更高的利润率。”

“原来是这样啊！同样是低增长，但不能混为一谈。可是，您刚才说了，这对投资是个好机会。这又是怎么回事呢？”

“这应该是我们一直等待的好机会来了，股市有可能已经开始转为整体上涨的趋势了……不，说不定已经开始上涨了。不管怎么样，我现在还处于收集资料的阶段，还不敢贸然说出结论……下回咱俩再仔细讨论这个问题吧。”

经济增长率走势图

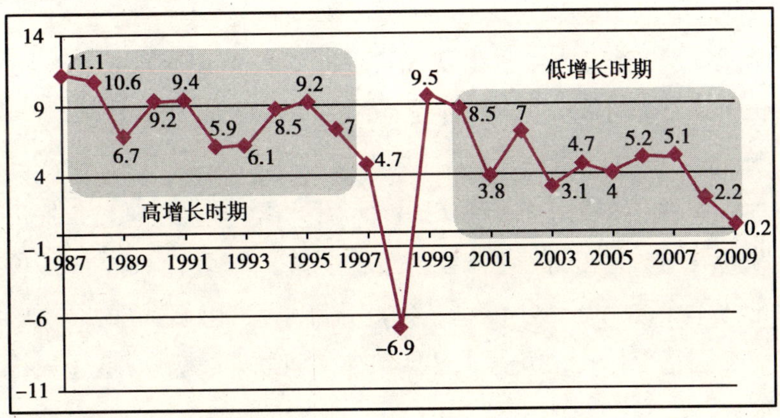

⋆高增长期年平均增长率为8%
⋆低增长期年平均增长率为3.9%

你不可不知的理财秘密

对于投资者来说，最重要且最困难的决定是判断买卖时机。现在到底是买入股票还是卖出股票？只要你能准确判断这一个问题，你的胜率会大幅提高。

亚洲金融危机以后，韩国的经济周期缩短为2年左右的时间，1年扩张期后1年收缩期，呈现出较为规律性的走势。但是市场上从来没有绝对的规律，一定要根据市场当时的现实状况来灵活地进行思考。

股价先行于经济周期。因此，经济周期还处在衰退阶段的时候，也就是说电视、报纸等媒体还在大肆报道“经济还会更差”等新闻的时候，股价有可能已经走过最低点，开始触底反弹了。

经济的低点多出现在奇数年份的第一季度（1至3月份），股市的低点多出现在提前6个月的前一年，也就是偶数年的第三季度（7至9月份）。

经济的高点多出现在偶数年度的第一、第二季度，股价的高点几乎也在同时期出现。也就是说，在经济的高点，股价走势不会先行于经济变动。因此，在经济开始衰退的时候出售（同行变化），经济“还要更差”的时候要考虑建仓（先行变化）。

国民收入提高后，工资上涨，导致企业的价格竞争力降低。企业开始去海外投资建厂，国内投资减少，经济结构进入结构性低增长发展模式。

进入发达国家型的低增长阶段是源于产业结构升级和附加价值比率的提高，会提高企业的利润，在这一点上它和源于经济衰退的低增长不一样。

第三章

大钱的流向决定小钱的流向

资金天然追逐利润，既要明白大势也要明白大势所趋

钱的流向发生变化，随之而来会发生一系列的变化，看清变化的方向，跟随流向，就可以找到赚钱的机会。

这一年夏天，史上罕见的低利率席卷着韩国市场。崔大友说，像这样利率出现变化后，资金流向将会发生变化，赚钱的新机会开始出现。对于金晓阳来说，他的投资视野发生了很大的变化，投资技巧也上了一个新台阶。为了家庭，为了孩子们，一定要继续努力。家人永远是金晓阳前进的动力。

“爹地！”

小芽总是很嗲，真是金晓阳贴心的小棉袄。小草和小芽回来了，打断了金晓阳的思绪。

“这么快就玩够了？怎么不再玩一会儿呢。”

小芽像往常一样，爬到金晓阳的腿上，钻进了他的怀里。

“那边的阿姨说了，一个人不能超过15分钟，要给其他小朋友们让位置的。”

“哦……原来是这样啊，妈妈好像还要再挑一会儿。要不要跟爸爸一起去附近的公园玩儿玩儿呀？”

“嗯，好的。”

“好啊，爸爸。”

金晓阳抓着孩子们的手，走到了车子那边。后备厢里塞满了溜冰鞋、羽毛球拍、足球等玩具。金晓阳拿出了溜冰鞋，跟孩子们一起走到了公园。

今年6月份的天气跟三伏天一样闷热，不过还好，前两天下了一场大雨，稍微凉快了一点儿。公园里有很多出来乘凉的人，大部分都是一家几口一起出来的。空地上到处都是打羽毛球或是骑自行车的人，篮球场上还有一群学生流着汗正在打篮球。

小草和小芽换上了溜冰鞋，混进人群里面去了。不管到哪儿，小草这个当哥哥的都很会照顾妹妹，令金晓阳很是欣慰。本来金晓阳没打算要第二个，至少在还清债务之前是不想要第二个小孩的。但是妻子不这么想。她认为家人是无法用金钱换来的宝贵财产，坚持要了第二个孩子——小芽。现在看来，还是妻子的想法正确。对于现在的金晓阳来说，根本无法想象没有小芽的生活。

刚坐到长椅上，裤兜里的电话嗡嗡地振动了起来。原来是崔大友打来的电话。

“小金？”

“哎呀，这不是崔哥嘛！什么风把您给吹来了？最近过得还好吗？”

“哦，我很好。搬家搬得怎么样？顺利吗？”

“我们没什么行李……差不多都弄完了。”

“需要我帮忙不？”

“还没有需要您出手的事……呵呵，要是有的话一定联系您。”

“今晚有空儿没？方便的话两家人一起聚餐呗！”

“啊，正好。我也有这个打算来着。本来我还想下周邀请您和家人一起过来呢……要不今天聚吧。”

“好啊，你几点左右方便？”

金晓阳和崔大友定下了时间地点。在决定搬家这件事上最让金晓阳感激的正是崔大友。要是没有碰见崔大友，金晓阳估计是没有办法这么快就搬回大房子去的。崔大友看着金晓阳一家重振生活，也很高兴。

花钱如流水，赚钱逐水流

金晓阳抬头仰望了一下天空。在浓浓的乌云之中，有一丝缝隙。从那个缝隙，照下来强烈的日光。这幅景象就像是一个有名的画家画的风景画一样。微风拂面，带来生命的气息。湿润的土地散发着浓重的芳香，让人可以闻到花草树木的生机勃勃的气息。金晓阳闭上双眼，深深地吸了一口气。

听崔大友说大趋势即将到来，是在2004年初夏。在下班路上偶然碰在一起，就随便找了个附近的地铁站下车。两个人坐在公园的长椅上，一边喝罐装啤酒，一边聊各种话题。那个时候的长椅，就是今天金晓阳坐着的这条长椅。那天的夕阳也非常漂亮，堪比一幅美丽的风景画。

“小金觉得最近有没有值得关注的问题？”

崔大友先打开了一罐啤酒递给金晓阳。

“是啊，股价在4月份冲到936点，又跌回700点左右……”

“除了这个呢？”

“油价暴涨，涨到了30美元以上，或许会由此引发一些通胀忧虑？市场预期美国FOMC（Federal Open Market Committee的简称，即联邦公开市场操作委员会）要提高现在1%的利率？”

“国内情况呢？”

“是啊……韩国银行好像目前还没有调整利率的计划，市场利率貌似在逐渐降低呢。”

“对。拆借利率从去年7月份以后到现在，差不多一年的时间里，基本维持着3.75%的水平。不过，市场利率一直在下跌……最近我还好好研究了这个问题。”

“哦？您觉得利率会有大幅调整吗？”

“不，我倒不那样觉得……最近我个人对利率的兴趣比较大。实际上我也在银行工作过10年左右，但是从来没有想过韩国的利率会跌到3%的水平。”

3年期国债历年平均利率走势图

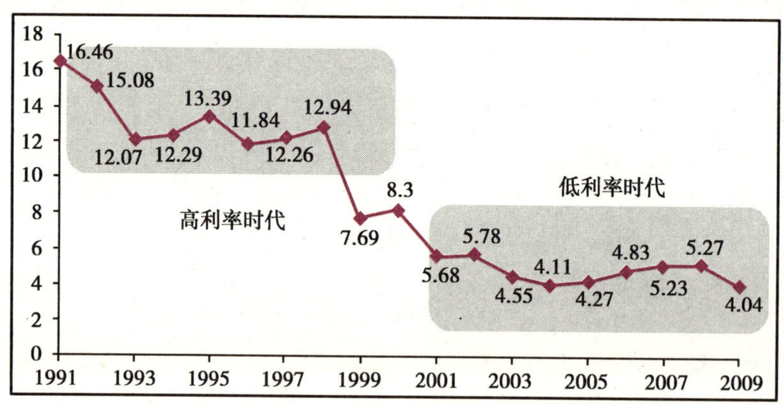

“是啊。以前那都是12%到13%的利率……我也不太习惯现在的这种情况呢，呵呵。”

“实际上，利率是最重要的金融指标之一。既然利率变化这么大，经济和金融市场是不是也会有较大的变化呢？不管怎么样，我越想越觉得不能小看最近的低利率。”

“利率有那么重要吗？”

“我们赚钱的时候最重要的指标应该是利率。”

“像最近这种低利率时代，靠利息赚钱基本不靠谱……您说的这个利率还有其他层面的意思吧？”

“我当然不是说靠利息赚钱这个层面的问题。我们想要赚钱的话就要知道钱的流向。这样我们可以通过利率的变化，来判断或推测钱的动向。”

“哦，是吗？”

金晓阳迫不及待地等待着崔大友的下一句话。

“在资本主义社会，看清钱的流向是很重要的。你知道这是为什么吧？资本主义的基本理念是‘追求利润’，这一点用一句话来说就是‘赚钱’。那么用什么来赚钱呢？那当然就是用‘资本’来赚钱。那么资本又是什么呢？说白了就是钱。也就是说资本主义所谓的‘追求利润’就包含着‘用钱来赚钱，钱生钱’的属性。所以说，看清钱的流向是很重要的。因为钱会帮你赚更多的钱。如果市场中的钱集中在某一特定的资产上，那么这个资产的价格会上升。资产价格上涨了，那当然就是产生利润了呗！”

“这又是挺独特的解释呢。”

“其实也没什么独特的。市场经济的核心思想就是，由市场自由地决定资产的价格，而这又是基于供需关系的法则。根据供需关系法则，当需求增加的时候，其价格就会上涨。需求增加意味的是想要这个商品的人多，也就是说他们的钱集中在这一商品上。也就是说，钱集中到哪儿了，哪儿的价格就上涨了。”

“哦，是啊，是一样的意思呢。”

“在资本主义社会，资本，也就是钱，是很重要的。一定要好好理解钱这个东西。然后我们在理解钱的时候最重要的就是钱的价格，也就是利率。实际上，利率是被广泛应用在判断经济行为的标准。”

“经济行为的判断标准？”

“没必要想得那么难。在资本主义世界，不管是谁要用钱，都需要支付相应的代价，也就是‘利率’、‘利息’，不管是你自己的钱还是别人的钱。当你把钱用在某个地方的时候，如果你这钱是借来的，那么你就支付利息作为借钱的代价；如果这是用了你自己的钱，那么你就是放弃了你能通过存款获得的利息，这叫机会费用。也就是说，在用钱的时候，比较你通过用钱获得的利益和用钱时候付出的成本，从中选择更高的那一个。这个概念不难理解吧？”

“嗯，不过给我感觉还是挺理论性的。您能给我稍微具体一点儿的说明吗？”

“啊？我是不是说的有点儿太硬了？简单点儿想，你同意利率决定了人们的行为吧？比如说银行利率在1%的时候和在50%的时候，人们的行为是不一样的。利率跌到1%的时候，人们的储蓄意愿大幅降低，消费需求会增加。而且，人们觉得与其用储蓄获得一丁点儿的利息，还不如用便宜的利率从银行贷款出来，投资到收益率更高的资产上。这种做法叫杠杆原理，或叫杠杆效果。但是利率要是50%呢？一想到利息负担，就被吓得想都不敢想贷款的问题了。这个时候人们会选择储蓄，因为储蓄能获得的利息很高呀。”

“啊……”

“利率变化导致人们的行为发生变化。当这种行为变化积累到一定规模以后，就开始对市场产生影响，引导市场到特定的方向。人们的选择不一样，也就是人们是选择哪一个，抛弃哪一个，钱的流向也会不一样。因为利率发生变化，所以钱的流向发生变化；钱的流向发生变化，商品的价格就会发生变化。这样的话，我们就能找到赚钱的机会啦。”

“比如说呢？”

理解了钱的价值也就理解了利率

“嗯……关于利率变化带来的赚钱机会呢，以后再慢慢说。我们先好好看看利率的问题。要是你理解好了利率这个问题呀，那对小金你将来的投资肯定能起到不小的帮助。然后在钱的流向变化这个层面上，我谈谈最近的低利率以及它的影响。”

“好，我听听您的意见。”

金晓阳感觉到了崔大友这个人的慈爱的心。他说这些理论并不是为了炫耀自己的知识有多丰富，而是为了真正帮助金晓阳去理解知识，并熟练地运用它。

“刚才我说了利率是‘钱的价值’。利率上升就代表钱的价值在上涨，利率下跌也就是说钱的价值在下跌。要是市场中的资金不足，那么钱的价值会上涨，也就是说利率会上涨，借钱的人需要负担更高的利率。相反，像最近这样市场中的钱多了，就导致钱的价值下跌，也就是说利率下跌，所以借钱的人只需要负担很少一部分利息就可以借钱用了。”

“我看最近的房产担保贷款的利率跌到了5%左右，银行连中间手续费都给客户免了。这也是因为钱太多了所以才发生的现象吗？”

“对啊。亚洲金融危机以前，房产担保贷款的利率还是15%左右，申请贷款也比较难。那个时候钱还是比较少的。想借钱用的人多，但是能用来借给别人的钱却很少……所以利率就自然而然地上涨了，银行的贷款经理们都牛哄哄的。不过最近的状况完全相反。市场中的钱都多得花不完，资金流动性太大了。这也让那些银行头疼怎么去运用资金。存款呢一直都在增加，但是来借钱的也就那么几处。所以银行和银行之间开始竞争起来。他们争先降低利率，现在到了已经不能只靠降低利率来争取客户的地步了，就连中间手续费都给免除了。现在吧，是客户牛哄哄的时代。这也是钱多了、钱的价值下跌了导致的现象。”

“但是利率并不只是由市场中的钱多了还是少了来决定的呀。”

“对。市场中的资金量只是看了资金的供给方面，我们还应该从需求方面考虑。就比如说，即使市场中的钱再多，如果对钱的需求更多的话还是会引起流动性不够的情况。而且，钱的供给和需求之外，经济周期、物价等其他经济指标也会影响利率变动。首先让我们看看经济周期和利率之间的关系吧。”

利率很淡定，总是慢一拍

“经济状况好转了，投资增加，消费旺盛，利率上涨；经济状况变差了，投资和消费减少，利率就会下跌。是这样的吧？”

“对。因此说，经济状况也是影响利率变动的因素之一。那么利率是先行于经济变动呢还是后行于经济变动呢？”

“这个嘛……我觉得利率也像股价一样先行于经济变动吧。要是今后经济状况开始好转了，那么利率就会提前开始上涨，是这样的吗？”

“错了。利率一般被分类为经济后行指标。经济周期在通过最低点，进入扩张通道以后，利率也不是马上就开始跟着涨。反而呢，利率还会再下跌一段时间，再开始反弹上去。”

“这又是为什么呢？不太好理解呀。我感觉经济状况好转后利率也应该会跟着上涨……”

“来，我们转变一下思维。经济状况好转后，对商品消费的需求开始扩大，企业的销售扩大，企业获得更多的资金（也就是企业赚了很多钱），是这样吧？那么对企业的支出会是什么样的呢？销售额上升了，支出也会相应地上涨吗？不是的。为什么呢？因为在前段时间的经济衰退期，企业积攒了大量的库存，所以在经济扩张期的初期，企业并不需要另外再开炉灶扩大生产也能应付初期的产品销售需求。所以在经济扩张的初期，企业的销售（资金流入）扩大不直接联系到生产（资金支出）扩大。因此这个时候企业的现金流状况得到改善，对外部资金（贷款）的需求反而会减少。这样一来，利率就更要下跌了。”

“那么在高点的时候会是什么样呢？”

“经济周期走过高点，进入下跌通道以后，利率还会上涨一段时间。一般过了几个月时间后，利率才会达到高点，再往下跌……这是因为经济周期通过高点以后，需求减少，销售下跌，导致企业流入资金快速减少；另一方面企业的投资或生产活动很难立刻进行调整。比如，我们不能因为经济周期进入收缩期了，就立刻停止工厂的建设，不能立刻解散经济扩张期新设的销售部门。而且，企业判断经济状况也需要一段时间吧？不管怎么样，因为这种理由，在经济收缩期的初期，企业的资金流入小于企业的资金支出需求，所以企业对外部资金的需求反而会更高，市场中的利率会继续攀升一段时间。”

“哦，我明白过来了……这么看来，股价是经济先行指标，但利率是经济后行指标呢。”

“对。”

崔大友解下了自己的领带，放在长椅上。只是解下了领带，就感觉到温度大不一样。公园里开始陆陆续续地出现来散步、乘凉的附近居民。太阳快要下山了，斜斜的阳光为崔大友他们照出了长长的影子。

物价涨了之后更需要钱

“利率变动因素中有一个重要的因素是物价。你应该在经济学上学到过利率是经济增长率和物价上涨率之和这一原理吧？”

“嗯，我想起大学时候学过的知识了。物价水平一定的时候，经济状况好转就会导致利率上涨，经济状况变差就会导致利率下跌……经济状况一定的时候，物价上涨导致利率上涨，物价稳定导致利率稳定。”

“对。或者你可以不用这种公式性的解释，用简单易懂的概念来解释物价上涨导致利率上涨的理由。”

“这个嘛，好像也能说明一下……”

金晓阳稍微停顿了下，整理了自己的思绪。崔大友在一旁默默地等待金晓阳。

“物价上涨的时候对钱的需求提高，所以利率会上涨，是吗？”

“对。再具体一点儿。”

“我举个例子。假设1个苹果的价格是1000韩元，那么用10000韩元可以买10个苹果。要是价格上涨到1个苹果1100韩元，那么就需要11000韩元才能买下10个苹果。这样，对钱的需求也会随之上涨10%，利率就随之上涨了。”

崔大友轻轻地点了一下头表示同意，金晓阳继续说明。

“对于储蓄的人来说，也是可以按照同样的逻辑来考虑。在市场上支付的利率要等于物价上涨率。人们一般都是在自己的大脑中进行比较。‘今天买苹果呢，还是再存一点儿钱，过了1年再买苹果呢？’只有当1年后买苹果更合算的时候，人们才会选择储蓄吧。也就是说苹果的价格在1年内从1000韩元上涨到1100韩元，也就是10%的涨幅，那么利息率必须达到10%以上才会让人们有意愿去储蓄。要不然对于存钱的人来说，过了1年以后就买不到10个苹果了，储蓄就没有意义了。如果苹果的价格在1年内上涨了20%，那么市场的利率要在20%以上才能保证1年以后照样能买到10个苹果。如果利率低于物价上涨率，那么谁都不会去选择储蓄，需要用钱的人会处于一种无法借到钱的情况。因此，物价上涨率提高，也就是通胀率上升的时候，利率也会跟着上涨。”

“对，非常正确。不过呢，在现实生活中，虽然物价上涨带动利率上涨，但是有时为了抑制物价上涨，会提前提高利率。比如在市场上形成一个较为强烈的通胀预期，那么物价上涨会快速地传播到社会的各个领域中。这个时候政府会提前提高利率来应对通胀。政府提高政策利率→市场利率水平上涨→企业的融资费用上升，投资需求减少，个人消费也减少→经济的总需求规模降低→物价稳定。”

“我在新闻上也读过类似主题的评论。那个报道是关于FRB（Federal Reserve Board的简称，即美国联邦储备委员会、简称美联储）的利率政策的。里面说，考虑到最近油价上涨导致的物价上涨，格林斯潘将会再次提高利率以应对未来的通胀。”

“对。除了物价以外，国际收支也是利率变动的因素之一。小金应该也知道吧？”

“这个嘛……我对经济周期和物价还学过一点儿……但是国际金融这一块儿还是有点儿弱。”

“想得简单一点儿。最近韩国连续好几年维持国际收支盈余是吧？外汇储备也达到了1700亿美元。我们国家的国际收支是盈余，这表示从外国流入我国的资金比从我国流到外国的资金要多。那么你说说我们国家的货币供给量会是怎么个情况呢？”

“啊，我明白了。流出去的钱没有流进来的钱多。这样一来，国内的货币供给量就会增加。市场中的钱一多，钱的价值就会下跌，导致利率下跌。国际收支逆差的时候，情况就是相反的。流出去的钱比流进来的钱多，所以利率会上涨。”

“对。还有季节性的因素也会对利率产生影响。比如，春节、中秋节等过年过节的时候，资金需求一时性地集中起来，利率就会上涨。”

“是啊，每逢过年过节的时候，企业要给员工发奖金嘛。”

金晓阳从塑料袋中拿出第二罐啤酒。冰凉的啤酒罐上凝着一滴滴的水珠。“啪”的一声响后，金晓阳咕咚咕咚地喝下凉爽的啤酒。

借钱时间有长短，利率水平有高低

“崔哥，您刚才给我说了，利率变化是后行于经济变化的。照这么说来，利率在投资上并不是很重要的指标吧？”

“为什么这么想呢？”

“做投资要先行于别人一步嘛。”

“哦，你的意思就是说，利率是事后才会变动的，所以没有什么用？这也有道理。很多经济学家应该是和小金一样，关于这个问题考虑了很多方法，然后找到了几个运用利率的有效方法。利率是经济的后行指标，但是利用利率来诊断现在的经济状况，也可以预测今后的经济状况。”

“您的意思是说，利率既是经济变动的后行指标，也是同行指标，甚至可以成为先行指标。这怎么可能呢？从常识上判断，有点儿无法理解啊。”

“不要单纯地只看一种利率的变化，看看每个期间之间的利率差及其变化，你就能发现其中的奥妙。不知道小金你还记不记得，以前你学习债券的时候应该听说过期限结构理论或者是收益率曲线这些词汇吧？”

“嗯，好像是听过。但是我已经不太记得它的内容是什么了。毕业以后只是一门心思学习了炒股知识，没有好好学习过债券的知识……”

金晓阳不敢再往下说了，因为说着说着他突然发现自己依然是在进行着缺少“经济”的半拉子投资。

“你知道我要说什么了吧？”

崔大友的眼神很温和，但也意味深长。

“嗯，不知道经济、金融指标的话，很难在投资上取得成功。无法灵活运用经济和金融指标的投资只是外强中干的投资而已。偶尔歪打正着会取得一些成绩，但是从长期来看，基本都会以亏损为结局。因为他不知道市场的流向。对吧？”

“对，对，正是这样。不管怎样，收益率曲线表示的是在特定时点上残存满期（离到期日为止的时间）和满期收益率之间的关系。比如说我们可以画一个下面这样的曲线。”

崔大友从地上捡起一根树枝，开始在地上画了起来。

“横轴是残存满期，纵轴是收益率。满期时间越长，收益率越高。这个时候经济应该是什么样的状况呢？”

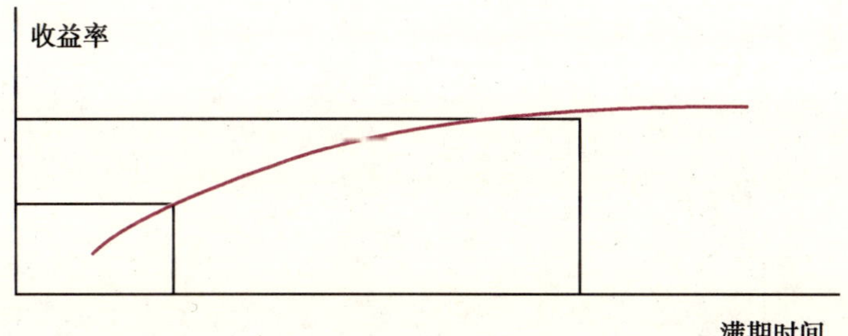

“一点儿都想不起来，能通过这个图表判断经济状况吗？”

“当市场预期将来利率会上升的时候，会出现短期利率低于长期利率的现象。当人们预测将来的利率会上涨的时候，借钱给别人的贷款人和从别人那里借钱的借款人，他们的心理是不一样的。借钱给别人的贷款人不想提供长期贷款，更想提供短期贷款来赚取更高的利率。相反，从别人那里借钱的借款人，发现将来的利率要上涨，就更希望以长期借款的方式获取资金。因为现在的利率低呀，如果他以现在的利率签订长期贷款合同，就不怕将来利率上涨了。这样一来，市场上就有很多贷款人希望以短期贷款的方式贷出去，同时又有很多借款人希望以长期贷款的方式借到资金。也就是说短期贷款的利率会维持在较低的水平，长期借款的利率会维持在较高的水平。所以说，收益率曲线是向右上倾斜的。还有，如果像这样市场上预测将来的利率要上涨，那么就说明经济状况在好转。”

“知道了。也就是说在市场上，短期利率低于长期利率的时候代表市场上预测将来利率会上涨，这种现象出现在经济扩张期，是吧？现在才想起来一点儿以前学过的知识。如果是经济收缩期的话，也就是说市场预测将来利率要下跌的话，收益率曲线是向右下倾斜的形态吧？”

金晓阳拿过崔大友的那枝树枝，在旁边再画了一个走势图。

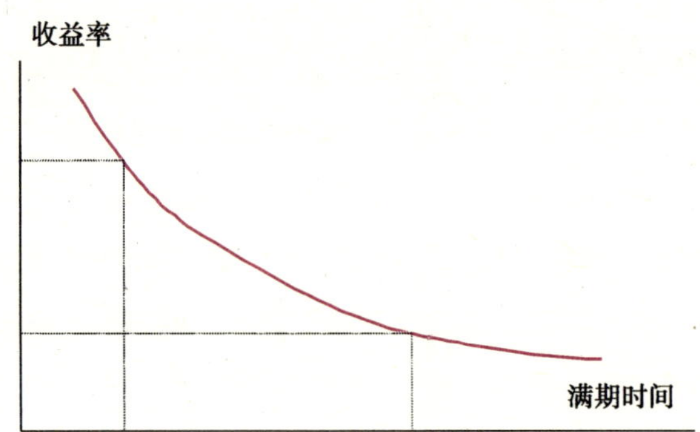

“我来说明一个吧。嗯……市场预期利率将要下跌……所以借钱给别人的贷款人希望在利率进一步下跌以前尽可能地以长期的形式贷出去；反之，从别人那里借钱的借款人希望等到利率下跌以后再进行下一步的借款，现在的资金需求就用短期借款熬过去。所以市场上，短期贷款的供给小于长期贷款的供给，而短期贷款的需求高于长期贷款的需求，因此出现长期利率下跌，收益率曲线也是向下倾斜的。我说得对吧？”

“非常正确！除了这两种形式外，还有收益率曲线呈现水平的时候，也就是短期利率和长期利率之间几乎没有收益率差异的现象，主要出现在经济景气的转变期。从经济扩张期转变为经济收缩期，或是从经济衰退转变为经济回复的时候。”

“但是我感觉人们好像不太能明显地感觉到这种利率变化。实际上去银行看的话，长期利率都高于短期利率呀？”

“对。我们提到利率的时候，人们首先想起来的就是定期存款的利率。定期存款的利率就像小金说的那样，时间越长，利率就越长。这主要是因为，如果不这样设定利率的话，储户就不愿意进行长期存款，所以银行设定这种利率结构，存款时间越长，支付的利率就越高。也就是说，它这种利率结构并不是由市场的供需关系来决定的。我们为了观察市场而使用的‘利率’不是银行自主地、任意地决定的这种利率，而是债券利率。这种债券利率是彻底由市场来决定的，并且在资金市场上进行交易的。比如，短期利率有CD（转让性存款证明）91日期利率，长期利率有国债3年期利率或5年期利率。”

“那么，短期利率高于长期利率的情况，是真实发生的吗？”

“一般来说，长期利率普遍高于短期利率。但是经济状况非常不好的时候，也就是在经济周期的谷底附近，经常会出现长短期利率的逆转现象。比如说，像上次2003年经济状况非常不好的时候，5至6月份出现了CD91日期利率超过了国债3年期利率。还有2001年1至2月份也出现过同样的情况。”

“哦……那么我们通过收益率曲线来预测经济状况的方法应该没有什么太大用处吧？如果只有在经济状况非常不好的时候才

出现短期利率超过长期利率的现象，就没什么意义了呀。那时候大家都已经知道经济状况非常不好……”

“哈哈哈，你说得也挺有道理。实际上，单纯地比较长短期利率的高低，并没有特别好的效果。更好的办法是‘观察长短期利率差的变化’。主要是通过观察长短期利率之间差距的变化——也就是两者之间的差距是扩大了还是减少了，来判断经济状况。一般来说，长期利率的变动性比短期利率要大，因此，在经济好转的时候，长期利率的上涨速度比短期利率要快。这就造成长短期利率差逐渐扩大。相反，在经济衰退的时候，长期利率的下跌速度比短期利率快，造成长短期利率差逐渐缩小。实际上，从去年3月份到现在为止，长短期利率差正在迅速缩短。按国债3年期利率和CD91日期利率差来看，去年3月份是0.8%的水平，现在缩短为0.3%。这表示，今年的经济状况将会更加恶劣。”

“长短期利差的变化走势居然能预测经济周期的动向呢。”

“经济周期先行指数的构成项目中包含着很多项目，除了股价指数以外，长短期利差也是包括在内的。”

“崔哥，你是把这些指标综合地运用在你的投资决策里吗？”

“那是当然了。这些指标多么有用啊。实际上这样的指标是进行投资时最基本的检查项目。”

金晓阳回想到最近在看新闻的时候，有几件使自己感到吃惊的事情。前两天新闻报道说，美国FRB的利率上涨预期会导致美国股价在一段时期内出现一定幅度的调整。那时候，金晓阳一边看着新闻，一边不知不觉地点头。

长短期利差图

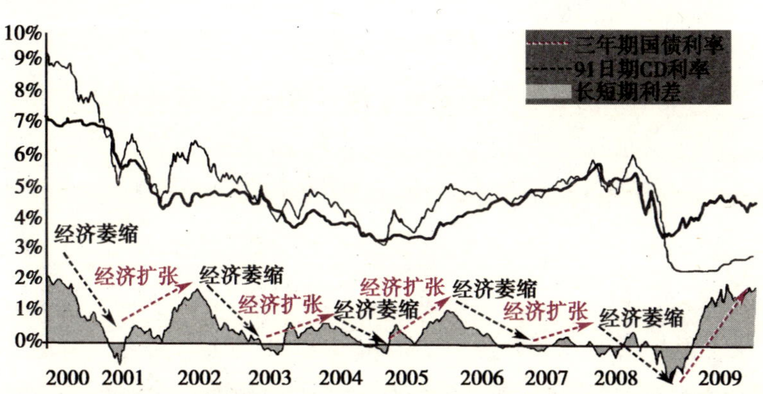

再前几天，他看到另外一则新闻报道，说这一次FRB上调利率实际上是反映了美国经济的回复和经济体质的强化，因此股价也会随之上升。同样，看着这一则新闻，金晓阳也不知不觉地点头。对于同一个事件（FRB上调利率），却有了两种不同的主张（股价上升和下跌），金晓阳却觉得两者都正确。因为对经济现象没有自己的主见，所以被新闻评论牵来牵去。一直以来，金晓阳以为只要认真读财经新闻就能理解经济和市场。但是，没有自己独立的见解，再怎么看新闻也只像是盲人摸象一样。当新闻和报纸向读者报导事物（或事情、现象）的某一侧面时，读者就汲取这一片面的知识。到最后，会让读者形成一个非常畸形的视角。

每次跟崔大友聊天的时候，金晓阳打心里感到：对于炒股的人来说，经济知识远远比炒股知识本身重要。而且，观察崔大友的惯用手法后金晓阳惊奇地发现，崔大友运用的理论知识和分析方法，基本都是自己在大学期间接触过的领域。总之，他和崔大友的差距并不在于知识的总量，而在于如何运用已知的知识，也就是运用经验的差距。

钱的流向发生变化，带来赚钱机会

“那么……我们对利率的基本的理解就算差不多了。我们再继续谈谈更深层的问题？我刚才是说到利率的变化导致钱的流向发生变化，钱的流向改变后就会带来赚钱的机会，是吧？”

“是。对于最近利率的变化情况以及它如何改变钱的流向这一问题，我挺好奇呢。”

“那好，我们来一个一个仔细分析吧。小金，最近新闻报道上经常出现实际利率的报道，你还记得吗？”

“我记得报道上说实际利率已经到了负利率的地步。”

“那么，你应该能区分名义利率和实际利率吧？”

“我知道按照利率中是否包含物价上涨率，可分为实际利率和名义利率。从名义利率中剔除物价上涨率，就变成实际利率（名义-物价=实际）。在实际利率上加了物价上涨率，就变成名义利率（实际+物价=名义）。像定期存款利率、市场利率那样，我们一般说的利率就是名义利率。如果要使用实际利率，就会给出一个特别的说明，或者在利率前加上‘实际’来强调它是实际利率。然后，通过名义利率可以测算钱的‘大小（金额）’变化，通过实际利率可以测算钱的‘价值（购买力）’的变化。”

“正确。那么你也能说明什么是实际利率变成负利率这一问题了吧？”

“实际利率是负利率，这一问题其实是说明物价上涨率，也就是通胀率高于名义利率的意思。例如，定期存款的利率是4%，但通胀率是5%，这个时候实际利率就是负1%。”

“对，就是这样的。若实际利率是负值，就代表物价上涨率比利率还高。通过利率来获得的资产增值效果小于物价上升导致的资产缩水效果。也就是说，如果你有一笔存款，那么存款的账面额虽然是增长的，但是这个金额所含有的购买力却下降了。比如，像你刚才提的例子一样，你存了100万韩元，1年以后账面余额是104万韩元。但是1年之内物价涨了5%，所以你需要有105万韩元才能买得到现在100万韩元能买到的东西。也就是说你的实际购买力下降了。到了今年，实际利率变成负利率不是因为物价上涨更快，而是因为名义利率下跌幅度较大。这一点一定要注意观察。这是低利率效应。”

“但是，如果实际利率是负利率的话，也就是指越是存钱购买力越小，那谁还会去存款呢？”

“我想说的就是这个意思。像我们这样的工薪族或者是小型自营业个体户们都是一分一分省下来拿去存款，用这笔存款去买房子，也给孩子们支付教育费，还要给自己退休以后准备养老费用。但是像这样，名义利率赶不上物价上涨或是房价上涨，那么问题就很严重了。再怎么省钱储蓄，我们离我们的购房梦也只能是越来越远。而且那些靠吃利息来生活的老年人会因为利率的降低，生活更加难挨。这些人都该怎么办呢？”

“是啊……总得有个措施吧？可能会想着再多存点儿钱，弥补这部分失去的购买力呗？”

“如果这种情况一直持续下去，人们的行为肯定会发生变化。如果只靠利息收入无法实现购房梦，或无法保障老后生活，那么人们会寻找利息收入以外的方法。就像刚才小金说的那样，勒紧裤腰带，节省更多的钱来储蓄也是一种办法。它通过扩大存款基数来提高利息额。但是说实话，对于普通人来说，生活已经够节省的了，没有太多的余力来增加储蓄。要想增加储蓄，就必须减少支出或者增加收入。据我看来，提高收入不是想提高就能提高的，它有一个客观条件的限制。再说了，减少支出也是没有多少余力呀。”

“确实是。就拿我们来说吧，我们夫妻俩都出去工作，在现在的收入上再提高收入，几乎是不可能的。现在的支出也是非常节省的，再减少支出恐怕就很难了……”

“既然如此，就要找到一个代替方案，取代储蓄这种理财模式……如果是小金的话，你会怎么做呢？如果现在利率跌得厉害，你通过储蓄根本无法达到你的理财目标，那么你会怎么做呢？”

“嗯……这个嘛，只能是提高理财收益了吧？”

“我是说，你准备通过什么方法来提高理财收益呢？”

“如果是我的话……可能我妻子会反对，不过我应该是会选择股市。”

“房地产呢？”

“据我现在的能力，还不具备投资房地产的能力。所以觉得房地产还不能放进代替方案里。当然了，只要我有那个资金实力，那么房地产也是一个不错的选择。”

“我的想法也和小金差不多。那你觉得其他人会怎么想呢？”

“我觉得大家都差不多吧。不管工薪族还是自营业的，普通人的情况不都是差不多吗？”

“是吧。好，那我们来整理一下我们刚才的内容。”

投资处处是风险，务必选择正确的投资手段

崔大友稍微停顿了一下，再次打开了他的话匣子。

“我们能举出来的投资手段基本有三种。小金也应该很清楚。第一是存款（或是债券），第二是股票，第三是房地产。到现在为止，韩国人最普遍的理财方式是存款，也就是利息投资。房地产对于富人来说是投资对象，但是对于一般民众来说只是为了买房子居住，而不涉及投资的层面。股票投资是被社会远离的投资，很多地方都宣传股票投资是不能碰的，就像毒品或赌博一样……不管怎么样，像以前那样利率较高的时候，利率投资也就是存款这种理财方式一点儿问题都没有。但是到了最近几年，利率快速下降，而且像现在这样利率基调长时间维持不变。这导致很多人都无法达到自己原来的理财预期目标。

“这是一个很严重的问题。如果选择传统的存款方式，那么至少能保障本金。但是，他的购买力会越来越低，整个人生的财务危机会越来越严重。像股票或者房地产投资，虽然有亏本的风

险，但是能期待较高的收益率，因此实现预期理财目标的可能性就大大增加。那好，比如说我们或其他普通人现在只能选择一种理财方式，那么你觉得是选择存款这种方式呢还是选择股票、房地产这种方式？是要拿自己人生的财务风险做投资呢还是要拿自己的钱——自有资金的风险做投资呢？”

“我好像明白您的意思了。您是说，人们为了避免整个人生的财务风险，因此会把资金从存款中抽出来投到收益率更高的股票、房地产市场。”

“如果这个人已经理解了低利率的风险，那么他肯定要这么做。这是没有选择余地的。只有先转移和后转移之分。资金从存款中抽出来，涌进股票和房地产市场的事情是不可避免的。而且，即使不像我们现在这样强调低利率的风险，也会有很多人去投资股票和房地产。为什么？因为资本的属性就是追逐利益。到最后，收益高的项目上会集中来自各方的资金。”

金晓阳回想了一下崔大友的话，真是意味深长啊。

“我再来整理一遍吧。像现在这样，低利率基调一直持续下去的话，人们的行为肯定会出现变化。他们会寻找利息收入以外的收益源。这么一来，资金就会从存款或债券中流出来，转而溜进股票和房地产这种高收益的市场。像这样，资金持续地流进股票和房地产市场，那么股价、房价上升是必然的结果。而且，现在利率下跌，会令一大批人贷款进行股票和房地产的投资。”

“原来‘低利率’这个变化造成社会上的资金从存款中流出来，转而流进股票和房地产市场，推高了这些资产的价格……照这么说来，崔哥刚才说到的机会就是在股市和房市里了……”

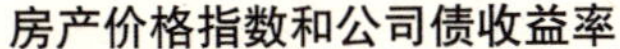

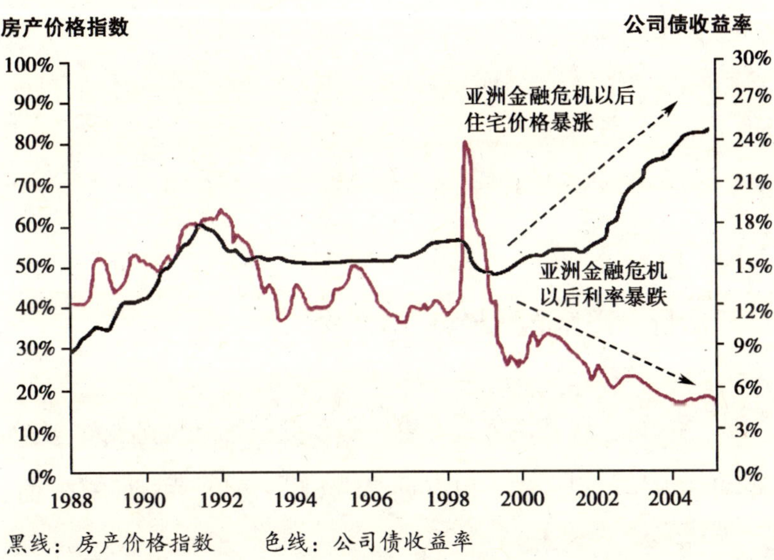

黑线：房产价格指数　　色线：公司债收益率

“如果像现在这样一直持续低利率的话，资金会流进股市和房地产市场，资产价格会迅速地攀升吧……”

金晓阳认真地听完了崔大友的话。最近几年，房地产市场，尤其是住宅价格上涨的速度令人望尘莫及。2003年以后，也有很多房价抑制政策出台了。人们惊恐地看着房价上涨，讨论着是不是需要趁现在赶紧买房子。金晓阳和妻子也看着最近房价节节攀升而束手无策。

这段时间，他们俩辛苦工作，努力攒钱，准备有朝一日搬回大房子去住。但是房价上升速度远远超过了金晓阳夫妻二人的存款增速。现在想来，当初为了还债卖掉房子实属不该，他肠子都悔青了。照这样下去，是不是永远买不了房子呀？

现在看来，亚洲金融危机以后韩国的利率一直在下降，房价却一直在上涨。

“如果像现在这样的低利率一直持续下去，我是不是一直买不了房子了啊！”

金晓阳的心情无比复杂，无比郁闷。

房价上涨是必然趋势

“崔哥，我明白了低利率会导致资金从存款流出来转移至股市和房地产市场……但是将来利率再上涨的话，情况又会发生变化吧？”

“这是一个很好的想法，小金。当然了，低利率的基调维持到什么程度，将会决定今后资产价格的变化。如果利率再次回到像以前那种高利率的时代，那么房地产市场的上涨势头也会结束，转而进入下跌通道。不过呢，我们在讨论将来是高利率还是低利率之前，首先来探讨一下如何判断高利率和低利率的问题。”

“判断高利率和低利率不会是有什么特殊的判定方法吧？”

“当然没有。一般来讲，2%是低利率，8%是高利率吧。这个判断是相对公认的看法。但是当利率维持在5%左右，我们就很难判断这是高利率还是低利率。虽然没有什么特殊的方法来判断利率的高低，但是我们可以通过观察市场参与者的反应来判断利率的高低。低利率是利率投资者——比如存款客户们不满足的利率水平，高利率是利率投资者满足的利率水平。如果资金从存款流向股市或者房地产市场，那么我们可以判断这是低利率；相反，如果股市和房市下跌，这些资金回流到银行存款，那么我们可以判断这是高利率。”

“是啊。”

“现在，我们再回到刚才小金提的问题上。将来我们国家的利率会怎么变化呢？是维持现在这样的低利率呢，还是再次回升到以前那种高利率水平呢？小金你觉得呢？”

“这个嘛……像最近这种环境的话，我感觉还要再下跌一阵。说实话我还真不太清楚会变成什么样。像崔哥说的那样，以前是12%左右的利率水平，没过几年就跌到了4%左右。这个变化实在是令人无法相信呢。”

“我们一起来分析分析。你觉得如果利率要回升的话需要什么样的条件？”

“利率要上升的话，首先需要钱的价值上升，也就是钱变成稀缺物品。或者是市场中的流动性减少，或者是资金需求增加。”

“那你觉得什么时候资金需求会增加呢？”

“那当然是在经济状况好的时候吧，也就是经济扩张期呗。”

“那什么是经济状况好的时候呢？”

“经济状况好的时候，也就是个人消费增加，企业投资增加的时候呗。”

“就拿经济增长率来说的话，是经济增长率高的时候呢还是低的时候呢？”

“啊！我明白了！”

崔大友露出满意的表情。他继续等金晓阳的下一句话。

“应该是您以前说过的那些吧？随着我们国家的经济发展进入发达国家型的低增长模式，国民收入提高，人力费用迅速攀升，国内投资减少，最后经济增长率下降。也就是说，我们国家成为发达国家以后，很可能掉进结构性低增长的陷阱。进入低增长的发展模式后，资金需求减少，最后还是会维持低利率吧。”

“对。就像我们的预想一样，如果韩国的经济进入低增长发展模式，并固定在这一模式上的话，那么很有可能会维持现在这样的低利率。”

“这么说，从今以后房地产价格还会继续上涨喽？”

金晓阳的表情掩饰不住他心中的失望。崔大友看到后，笑着说道：“当然了，股价也会上涨的。近20年以来，韩国股指一直没有突破1000点大关。我估计很快就会有一个大上涨，一举突破1000点关口。”

“大上涨？今年4月份股价突破过900点后还是没有后续力量跟进，感觉很疲软呢。最后还不是跌回700点附近了吗？”

“我虽然无法准确预测什么时候会出现大上涨，但肯定会来的。这是必须的。”

“是吧。这个股价大上涨总有一天会来的吧……”

“有点儿自信！相信我们刚才得出来的结论吧。今后韩国只能走向低增长模式，低增长必然带来低利率，低利率必然带来股价和房地产的上涨。要是银行利率不尽如人意的话，那么资金的去处也只有股市和房地产吧！”

“那您说，要是房地产价格上涨的话，是大户型涨得多呢还是小户型涨得更多呢？”

金晓阳貌似对房价更敏感。

“我觉得这个问题也能用利率来回答呢。”

“怎么解释？”

“如果低利率一直持续的话，贷款利息负担会减少的吧？相比亚洲金融危机以前，现在贷款利率已经跌到那时候的三分之一左右。这说明人们的贷款负担能力提高了3倍。例如，原来贷款利率是15%，那么1亿韩元的贷款1年要支付1500万韩元的利息。现在利率是5%，那么3亿韩元的年息才1500万韩元。也就是说，利率下跌了多少，贷款负担能力就提高了多少。”

“也就是说，人们能申请和负担的贷款额更多了，买得起更大户型的房子了。是这意思吗？”

“对。我们国家的人不都喜欢大房子嘛。利率下跌，降低了利息负担，人们能买得起大房子。因此大户型的需求会更多。”

“就是说，大户型的价格会涨得更多了。”

“相反，如果利率逐渐上升的话，中小户型会比大户型更抢手。”

金晓阳脸上浮出了一丝蓦然醒悟的神情。崔大友明白金晓阳心里在想些什么。

“小金，你也别太消极。房地产价格吧，虽然从2000年以后涨了很多，但还没开始真正地涨起来。股市一旦进入上涨通道，它的上涨幅度肯定不亚于房地产市场。你还有很多机会！”

积少成多，普通人的小钱也可以改变历史

“您说，这个大上涨真的会来吗？过去20年都没有实现过的……”

“股指突破4位数的时代肯定会来的。这一次突破1000点后你不会再看到3位数的。”

“呵呵……因为以前有过那种经历吧……没几年就很多人在股市亏了巨额资金，要么自杀，要么露宿街头。我也包括在内呢。炒股失败真是败家子的捷径呢……”

“小金，没想到你还挺幽默的哈。”

“哦，倒也不是。刚才听崔哥说起股市大上涨，就想起了2000年的IT泡沫……那个时候根本不知道怎么回事，就稀里糊涂跳进股市，结果就变成今天这样了。”

“没必要想得那么悲观，少年吃苦千金难买嘛。小金那个时候的失败经历，说不定给你带来了陪伴一生的宝贵教训呢。人生谁没有失败过？多多少少都有过磕磕绊绊的经历。而且这种失败只是趁年轻的时候经历一下，至少还有机会再站起来。想开点儿！”

“也只能这样了。现在也没有办法回头……不好意思，崔哥，这气氛有点儿沉重了……”

“呵呵，面包会有的，别担心！”

夜色已经降临，公园的路灯照亮了整个小公园。金晓阳的心

也需要一道明亮的阳光指引他走出困境。

“那个……股价大上涨真的会来吗？我看现在也没有人说那种话呀。说实话，我真觉得股指突破1000点是难事。”

“你可以这么想。股市在过去20年中一直积蓄着这次爆发的力量，或者在过去20年的土壤中终于要开花结果了。过去20年，散户们散在股市的钱，终于有机会赚回来了。”

“要是真的实现，那该多好啊。”

“小金，这个世界正在发生变化。你不能用过去的思维来看待未来。过去就让它埋在过去吧。我们是投资现在和未来，而不是过去。过去是什么样的并不重要。真正对我们重要的是现在的状况和将来的预期。亚洲金融危机以后，韩国发生了根本性的变化。”

“那么，崔哥您认为股指会涨到什么程度呢？1500点左右？”

“哈哈哈哈！”

“怎么，您这是笑什么呀？”

“小金，你太小看股市大上涨了。”

“没有啊，我已经预测得很大胆了呀。”

“咱先不说它能涨到多少点。先看看在低利率时代，韩国股市发生了什么样的结构性变化。”

“低利率导致的韩国股市结构性变化？”

“小金，你听过定投基金吧？”

“嗯，这个我知道。上下班的时候看见证券公司职员们在地铁出入口发宣传册来着。”

“那你也应该知道什么叫定额分割投资法喽？”

“嗯，他们发的宣传册上写得很清楚。每个月固定地投资一定金额的方法。它因为是分为多次分批投资，所以能有效避免风险。而且股价便宜的时候多买进，股价贵的时候少买进，这就使得整体平均买入降低。”

“对，非常正确。小金你参加定投基金了吗？”

“没有呢。我们家是我妻子管账，除了我炒股用的那点儿资金以外都是归她管。所以我连想都没想过找一个新的投资渠道。”

“周围人的反应怎么样？”

“好像大家对这个定投挺有兴趣。实际上，我的几个同事都买了定投，现在他们是一半存款，一半定投。”

“你看，人们就是不满足于现在的利率水平，或者说现在的利率水平无法实现人们的理财目标。所以，现在慢慢开始有人冒着风险，提高自己的理财收益率了。这个定投基金应该是能改变我国股市的原动力。”

崔大友这次拿出了一个小本子用圆珠笔画了下面的图表。

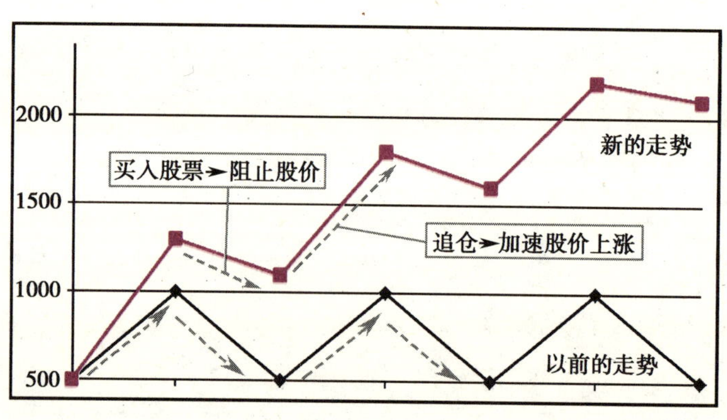

“过去的股市投资是在低点买入，又在高点卖出，也就是买卖时机的影响程度比较大。尤其是在500点到1000点反复涨跌的区间内，这种买卖时机是非常重要的。与其长期持有，还不如在500点处买入，在1000点附近卖出。所以大家都在500点附近买进，1000点附近都准备卖出。虽然外资、机构、个人的买卖时机都不一样，但是这种500点买进，1000点卖出的规则一直被大家默认为韩国股市的变化方式。谁都没有能力对抗股市的这种走势。”

“对，每次都是外资最先开始买进，然后是机构，最后才是散户。下跌通道上也是同样的情况。散户每次都是走在最后，所以散户只有亏损……”

“这种流向应该会改变的。定投基金一旦开始运用起来，这种市场的默认规则会被打破。定投基金是典型的平均成本效益的运用方式。它不管股价的变动，在长期内分批买入股票，不会因为股指上升差不多了就开卖。

“我们可以判断，只要这种定投基金的资金一直流进韩国股市，那么韩国股指会一直上涨。这种定投资金的买进股票的方式会从根本上改变股市的大趋势。定投基金的资金一直流进股市，会消化掉那些卖出来的股票，减轻股市下跌时的力道。反过来，股市上涨的时候会作为股市上涨的进一步推动力量来作用于股市。所以说，定投基金进入到韩国股市以后，韩国股市的走势图会维持‘向右斜上’的曲线。跌得少，反弹多……股价走势自然地、持续地上涨。股指的大上涨就是这么开始的。”

听着崔大友的话，金晓阳不由自主地咽了口口水。实际上，周围的同事中有很多人都开始参与到定投基金上了。他也想过要说服妻子去申购定投基金。说实话，光是靠定期存款的利息还真是不够呢。

“崔哥，您说这个定投基金真有那么大能量，大到能改变股市的大趋势？”

“我不是说了吗？现在对于普通民众来说没有其他投资渠道。而对于他们来说能运用一丁点儿剩余资金的方式只有定投资金。你想想，如果大部分韩国国民都用自己的那么一小点儿剩余资金去投资到定投基金上，那么这个总量将是非常可怕的能量。”

金晓阳没有作任何反驳。他感到自己的心跳开始加速。

股指10000点不是梦

“你问我股价会涨到什么程度，是吧？”

“是啊。”

“我想说，你心里等着10000吧！”

“啊？10000点？”

“怎么，10000点太离谱了？感觉不太现实了是吗?”

“您是根据什么理由说股指会涨到10000点呢？”

“我不是说股指肯定能涨到10000点。我的意思是说让你的梦想大一点儿。也就是说，‘上涨大趋势’就像其词汇一样，这是一个非常大规模的上升通道。我们到现在所经历的20年左右的涨跌通道肯定是无法实现10000点的。但是小金，你知道美国的道琼斯指数也有过同样的20年，在这段时期内，道指在500到1000点区间内反复涨跌。”

“您说的是道指吗？我是头一回听到这种话呢！”

“道指从1960年代初期开始到1980年代初期为止，大概20年时间内，在500到1000点的区间内反复涨跌。在1983年突破1000点以后，到1999年为止一直涨到了10000点。在这里重要的不是说道指涨了10倍以上，到了10000点。而是说一旦大趋势形成后，这股力量会持续很久，而且爆发力很强。我们国家的股指一直被困在这个区间内，大概有20年时间吧。美国股指突破这个区域后，在其后的16年时间内一直上涨。也就是说一旦股市开始往某一个方向发展，那么不管这个是上升通道还是下跌通道还是涨跌区域，会持续10年以上。也可以说这是一种惯性的规则吧。”

“您说的是我们国家的股市一旦进入大趋势通道以后，会持续10年以上的上涨？”

“对，就是这个意思。在这段期间内，它能涨到多少呢？其实我也不太清楚。但是这一次到来的大趋势上升通道至少能获益百分之几十，肯定不是那种小打小闹的小高潮。往少了说是三四倍利润，往多了说是几十倍利润，这种事情也完全是有可能发生的。”

“您是让我对股价的最高点抱有一个宏伟的理想吧，所以才跟我说10000点。”

“对。如果股指涨到1500点，那么你的收益是2倍。如果股指涨到10000点，那么收益将是10倍甚至是几十倍。目标股价不一样的话，你的投资行为肯定也不一样吧。不要只顾眼前的利益，多看看远处，多看看高处，你就能获益很多倍。”

“按照您的说法，往后10年内，我们国家的股市还真是个有魅力的股市呢。”

“是啊，只要定投基金和低利率一直维持着，那么这种股价的上涨趋势应该不会发生大的改变。”

金晓阳好好回顾了一下崔大友的话，他在崔大友的言语中看到了新的希望。想想看，如果是10年的上升通道，就是到2015年为止；如果是15年的上升通道，那么是到2020年为止！股市能让金晓阳享受这么长时间的收益吗？当然了，在这个过程中肯定会出现上下反复涨跌的情况。如果没有自己独立的见解或者没有一个明确的展望，那么很容易就会被淘汰。

长期看眼光，短期用手段

“都已经到9点了。小金，我们差不多往回走呗？”

“嗯，好的。”

在这样一个凉爽的夜晚，崔大友和金晓阳肩搭肩地慢慢地往家的方向迈开了脚步。

“最后我想对小金说股价和利率关系的最后一点，这一点是很多人都疏漏的一点。”

“是什么呢？”

“小金你所知道的股价–利率关系应该是相反的相关关系

吧？也就是说利率上涨股价就下跌，利率下跌股价就上涨。”

“是啊，这不是基本常识吗？崔哥你刚才说的，低利率会导致股价进入大型上升通道。”

“对，没错。但是利率和股价之间的关系虽然有负的相关关系，但是有时候也有正的相关关系。不要忘了这一点。”

“您这是什么意思呢……”

“我们看待经济问题的时候一定要分短期和长期的视角。如果我们在看股价-利率关系的时候，按照长期利率来进行比较的话，那么利率和股价确实呈负的相关关系。也就是投资增加→长期利率下跌→企业投资成本下降→经济扩张→企业业绩好转→股价上涨。”

“但是您为什么又说从短期来看，股价和利率是呈同方向变动的呢？”

金晓阳感到很不可思议。

“这个嘛……怎么解释好呢？从现在的市场状况来看的话，利率在上涨通道就代表现在经济状况不错，经济状况不错就代表企业的业绩不错，所以股价就只能是在上涨通道。怎么样？这样解释的话，就能解释为什么股价和利率呈同方向变动了。经济不错的时候利率上涨，股价也在上升通道。”

“好像还真是那样呢。感觉似懂非懂的。”

“实际上，分析一下最近的股价和利率的关系，就能发现短期利率和股价之间呈现出同方向变化的趋势。倒是长期利率和股价之间的反方向变动关系却没有那么明显。”

“是啊……我刚才听了崔哥的解释后明白了一点儿。但是怎么也感觉不到股价和利率在短期内是同方向发展，在长期内又是反方向发展的趋势。感觉有点儿模糊。”

“好吧，我用图表来给你说明。”

崔大友站在原地，从上衣兜里拿出了他的记事本和圆珠笔，给金晓阳画了一个图表。

“怎么样？看到这图表以后就能理解一点儿了吧？你可以分几个区间来考虑这个问题。在一个短期的区间内，股价上升的时候利率在上升，利率下跌的时候股价也在下跌。是不是这两个指数在向同一个方向变动？但是从长期来看，利率是在反复涨跌的过程中逐渐走低，股价在反复涨跌的过程中逐渐走高。是不是啊？”

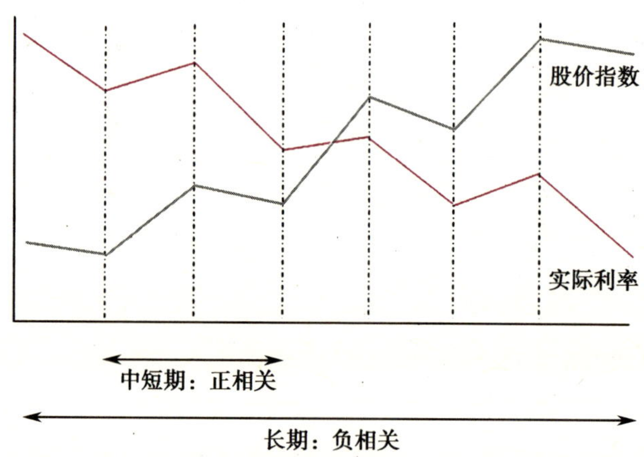

“嗯，是啊。短期内是同方向变动，但是在长期上是相反方向变动。我终于明白了。”

“实际上，你要是看股价和利率的数据，就能一眼看出来其中的奥妙……不过现在手头没有数据，回头我用邮件给你发过去，你记得自己分析一下……”

“好，太感谢您了，我也想早点儿看到那个数据。”

“不管怎么样，最重要的是你在做投资的时候一定要把长期和短期的走势区分开来，分别进行分析。长期的股价和利率的关系是反方向变动关系，短期决策的时候要想到股价和利率之间存在正的相关关系。比如小金你在考虑长期股票投资比重的时候，考虑好利率和股价之间的相反关系。如果你要考虑中短期的比率调整，比如说通过经济的变动或者是利用股市萧条或过热来短期炒一把，那么你就要灵活利用利率和股价之间的正相关关系。”

“您告诉我的这一点真是对我太重要了。”

投资就是投资现在和将来，投资就是投资大趋势

金晓阳和崔大友谈过之后，非常清楚地明白了他所谓的大趋势是肯定会来到的。一想到这里，金晓阳就下定决心，要把定期存款拿出来投资到定投基金上去。妻子一开始听到这话的时候，果不其然暴跳如雷。但是当金晓阳带妻子来见崔大友，并听了崔大友的详细说明以后，妻子就明白了定期存款一年3%的收益率根本无法保障他们的人生，也无法实现他们的购房梦。之后就把租房子后剩下来的2000万韩元和这几年辛辛苦苦赚来的5000万韩元都投进了定投基金。这个时候股指是700点左右。

金晓阳的心情更多的是祈祷。他祈祷上天保佑，千万要让崔

大友的预言实现。金晓阳盼望这个上涨大趋势快点儿到来，祈祷房地产价格不要再上涨，祈祷自己能还给妻子一个公寓……

第二天，崔大友用邮件把利率和股价之间关系的数据发过来了。就像崔大友说的一样，利率和股价之间的长期性关系确实是不太明显的负相关关系。而短期利率和股价之间的相关关系是明显的正相关关系。金晓阳在那之后，每个月都及时下载最新的统计数据，完善了自己的数据库。

从长期性的视角来比较实际利率和股价之间的走势，利率和股价之间的负相关关系并不是那么明显。只不过，从2000年到2009年为止的全期间来看，实际利率从8%左右下降到了1.5%左右，股指却是从1000点上涨到了1600点。也就是从结论上验证了长期利率和股价之间有负相关关系。

相反，如果把整个期间划分为几个具有代表性的期间，就可以轻易发现股价和实际利率之间在短期内呈现正相关关系的现象。

比较涨跌区域内的利率和股价之间的关系，利率下跌的时候股价也会下跌，利率上涨的时候股价也在上涨，呈现出同方向变动的趣事。就像崔大友说的一样，从中短期的视角来看，利率上涨的时候应该买进股票而不是卖出股票。

2004年对于韩国来说是躁动的一年。年初一开始，就出了总统弹劾事件。整个2004年，无论是经济还是政治方面都是比较混乱的一年。史上最低利率和出口扩大也没有让企业们起死回生。因为企业的雇佣减少，失业率一直维持在较高水平。个人消费需求连续出现负增长，经济衰退的程度非常严重，房地产市场在

股价指数和实际利率之间的关系（长期）

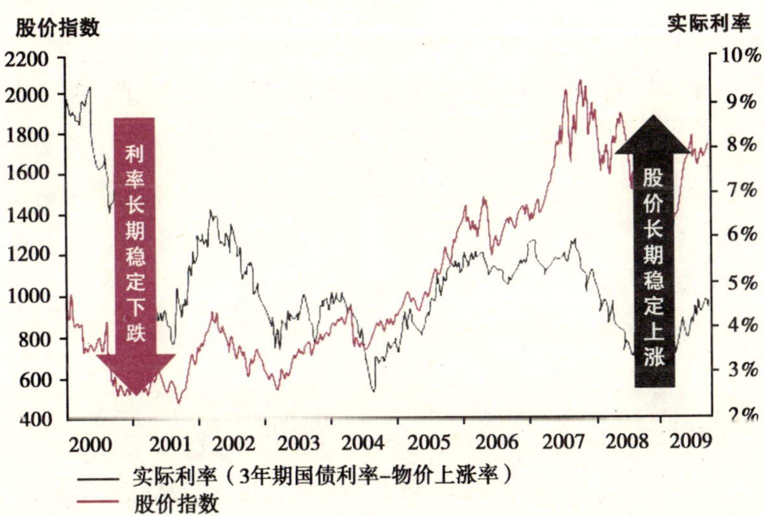

股价指数和实际利率之间的关系（中短期）

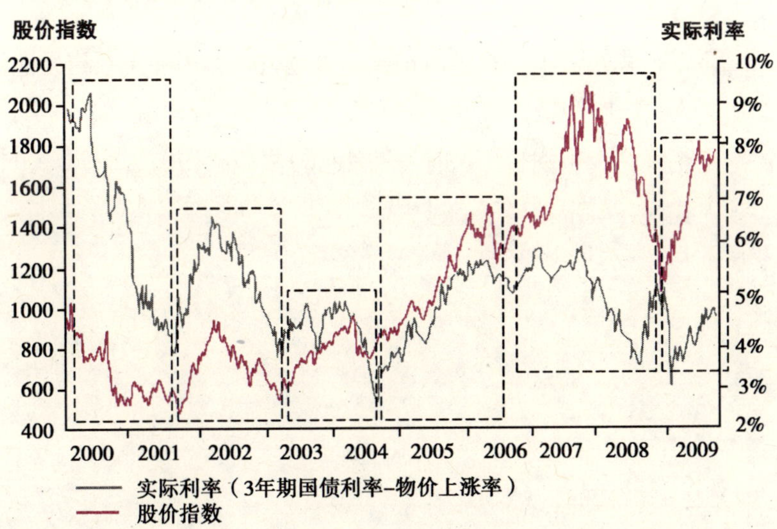

政府的各种强硬的抑制政策下，从2004年夏天开始进入了下跌通道。对于没有房产的金晓阳来说，多少是令人安慰的事。

在这一期间内还有一件事，也就是股价的上升让大部分人感到无法理解。根据大家感受到的经济衰退来讲，股价应该是在500至600点的区间，但是实际上到了2004年年末的时候股指达到了900点左右。说不定崔大友所说的那个变化已经开始了呢。妻子虽然感到不安，但是也很关心股价的变动。

嗡嗡……裤兜里的手机又振动了。这一次是妻子打来的。

“亲爱的，你在哪儿呢？”

“呃，我在商场附近的公园呢，你都挑完了？”

“嗯，我自己用的都已经挑完了。就是找不到你说的那个电视机型号……”

“好，我知道了。我带着孩子马上过去。然后晚上跟崔哥他们一家人一起吃晚饭，没问题吧？”

“正好，我也想着什么时候请他们过来吃顿饭呢。”

“我现在就带着孩子们过去。”

你不可不知的理财秘密

- 不管是谁，要使用资本的时候一定要支付“利息”，也就是“利率”。如果这笔钱是从别人那里借来的，就要向他支付利息。如果这笔钱是自己的钱，就需要支付机会成本。

- 利率是经济的后行指标，但是长短期利差是经济先行指标之一。若长短期利差扩大的话，就可以判断经济状况将会变好，长短期利差变小的话，可以预测经济将会进入衰退期。

- 利率变化会带来钱的流向变化，钱的流向发生变化就会带来价格的变化，这样就出现赚钱的机会。

- 实际利率如果是负利率，那么越是存钱，资产的缩水就越严重。资金有追逐利润的属性。因此要是低利率一直持续下去，或是实际利率变成负利率的话，存款会减少，股票和房地产投资会增加，资产价格开始上升。

- 发达国家特有的结构性低增长必然导致低利率，低利率必然导致股价和房地产价格的上升。

- 定投基金的不断流入会消化掉股价下跌时候吐出来的卖出股票，减少股指下跌幅度。反之，股价上升的时候作为追加力量来作用于市场，增加股价上升幅度。在这种情况下，股价走势会向右上倾斜。

- 实际利率和股价在长期上呈现出反方向变动关系，但是在中短期内，呈现出同方向变动关系。

利率下跌会使人们能够承担更多的贷款，因此，对大户型房子的需求会更多。相反，如果利率上升，利息负担开始上升，中小户型的房子会变成抢手货。

第四章

换个思路，钱原来可以更值钱

绝不能只用一个经济指标来判断你的投资决策

汇率是相对价值的概念。弄懂了这个概念，就会明白汇率的每一轮起伏，都可能是一次赚钱的机会。这同样需要更加清晰的投资大局观。

随着韩国综指又一次超过1000点的大关，金晓阳的投资本金开始大幅增长。然而韩元升值等因素导致国内经济状况并不被看好。在和崔大友的交往中，金晓阳对汇率的了解有了进一步认识。同时，给家人换一个大些的房子的愿望也越来越强烈了。

猪排骨在炭火的熏烤下嗞嗞作响。可能因为是休息日吧，烤肉店来了很多客人。入口处有一群客人在排队等位；路边上的烤串发出一阵阵令人向往的香味。已经吃好饭的孩子们在烤肉店附近的空地玩耍。同年龄的小草和真赫在踢球，跑来跑去，汗流浃背。崔大友的大女儿小熙和小芽一起蹲在草坪上，摘下好看的花草。

金晓阳夫妻和崔大友夫妻聊得很开心。

“姐姐你真有福气，跟这么一个厉害的理财高手一起生活……赚钱也哗哗的吧？”

这是尹智慧——金晓阳的妻子说的。崔大友连忙摇手。

“我这好像说了好几回了，呵呵。好的选手和好的教练是不一样的。您没听说过和尚不会自己剪头这句话吗？我可能是不错的教练，但我真不是一个优秀的选手。赚钱这件事，我看小金比我厉害多了呀。”

“对呀，我看也是。我们家这位吧，给自己的客户理财的时候跟神人似的，到了自己的钱，就跟变了个人似的，财产基本没变。我觉得吧，嫁人还得找PB的客户，不能找PB本人。”

崔大友的妻子金贞熙的笑话让大家又一次开怀大笑。

“崔哥的想法其实是很明确的，也是很坚定的。他以前跟我说过，‘想自己赚钱的人基本都不能管好客户的资金。要是有了自己的私利私欲，就会失去客观的视角来观察问题’。我觉得崔哥真是一个很厉害的人。”

“这个我也承认。他这个人的缺点吧，就是太过于强调原则，一点儿心眼都没有。”

虽然嘴上说是缺点，但是金贞熙一想到自己的老公，就感到无比的自豪。

“来来来……别总是拿我们取笑了。今天天气也不错，我们出去散散步，消化消化今晚吃的东西吧。”

今天的聚会比平时更为其乐融融。金晓阳和尹智慧分享着搬家的这份喜悦，崔大友夫妇称赞他们通过努力熬过来的这份坚持，两家人一同分享了将来的梦想和计划。今天，小草和小芽也玩得很开心，吵吵嚷嚷个不停。

不管多难都要好好养孩子

“姐姐，这日子过得真快呀，是不？我们见面都已经过了7年了。”

“是啊，我们刚见面那会儿，小草和真赫都还是鼻涕虫呢。呵呵。”

“是呀，这么快就长大了，还真希望他们长得慢点儿呢。”

“你这妈妈，想要的还真多呢。”

“哎呀，是呀。”

“其实我也一样，有时候吧，都想再要一个孩子了，呵呵呵呵。”

“那就要一个呗，你们家还有余力养孩子嘛。什么也别管了，想要就生一个吧。”

“哎呀，我就是那么一说而已，从没想过真的要再生一个孩子呢。现在生下来，那得到什么时候才能养大呀……有现在这两个就足够了。哦，差点儿忘了，这次真的祝贺你呀。这段时间很辛苦吧？孩子们也是。”

“辛苦倒不至于，呵呵，其他人也都一样呢。我觉得没什么，现在最开心的还是觉得对得起孩子了。一直以来，孩子们每次说搬到别的地方，我都说下一次下一次，不知道有多对不起他们了。”

“是啊，我偶尔看见小草不太开心的样子，也觉得挺难受的。小家伙们想的事还挺多的呢……”

“现在的孩子们跟我们小时候不一样。去幼儿园的时候就已经开始说自己家的爸爸呀，说自己家的车子呀房子呀什么的。”

“要我说这些都是那些家长的问题。”

“我以前跟您说过吧，小草有一个朋友的妈妈不让自己孩子跟小草玩，说不要跟穷人家的孩子混在一起。我现在还记得，那天小草是哭着回家的。”

“那件事啊，我现在想起都觉得难受。怎么还会有那种人啊！真是的……以后不要管理他们，忘掉他们。”

“是啊……我是想忘掉……但是一想到孩子们心里的伤疤……说实话我心里也挺难受的。”

“知道，知道，我都理解。已经发生的事情就让它过去吧。那种难受的事情就作为回忆，让那些不开心的回忆只存在于过去吧。你们两个人互相关爱关照就行了。时间久了，孩子们也会忘记的。”

“最近这个世道，父母没钱也是一种罪过呀……”

“但是我看你们两个人恢复得还挺快的呢。两个人都是挺有能耐的呀。不过我一直不明白，以你们两个人的能力，要是找小一点儿的房子，不是早就能搬走了吗？”

“这个是晓阳的倔脾气作怪……我呢觉得大小不那么重要，差不多就行了。但是晓阳不这么想，他一定要买一个比以前卖掉的那个房子更大的房子，说什么这样才能让心里踏实。”

“那肯定是因为觉得对不起你，所以才这么做嘛。”

“我知道，可我觉得其实没这个必要……”

“随他们去吧。男人嘛，都有自己的想法。有时候就让他们自己去把握吧，那样更好。倒是你的工作怎么办呢？还想接着上班吗？”

“我还是想接着工作。现在才开始起步，趁年轻能攒钱的时候多赚点儿钱呗。”

“你还真能顾家。”

“没有啦，现在都是夫妻两个人一起出来工作的。”

“其实不一定是两人一起工作就是正确的。别看你们两个人工作挣钱，光靠你们两个人的工资，哪能那么快攒下这么多钱买房子？虽然这事也得算上小金理财水平不错，但更要靠你在家操持家务，处处精打细算，没有一分钱浪费，你们才能走到今天的呀。你们两个是我们这儿出了名的生活理财能手呢。”

“哎呀……不是啦！”

“过分谦虚是骄傲的象征哦。其实你就应该被称赞，像你这样的人现在不多了。”

金晓阳和崔大友肩并肩走着，看着前面并排走的两位女士以及在旁边笑闹着的孩子们，心里感觉一阵安慰。感觉自己终于完成了作为一个父亲和一个丈夫应尽的义务。金晓阳心里还特别感谢妻子，在这些日子里妻子从来没有过多地抱怨，一起陪伴着他走过了人生中最艰难的时期。金晓阳觉得自己是个幸运儿，因为他遇见了现在的妻子……

上涨，一切只是开始

回家的路上，金晓阳走进了路边的家电产品代理店。下午去的那个电子商场没有金晓阳以前看中的电视机型号。

卖场柜台上陈列的不同颜色和大小的电视机上都有各自的转播节目。金晓阳的视线自然而然地落到了财经新闻上。虽然听不清播音员的声音，但是从字幕上看，是在说汇率下跌相关的新闻。2009年3月初，1美元折合韩元的价格达到了1579韩元。这个汇率如今基本下跌到了1250韩元。

金晓阳走到了电视机前面。正如他预想的那样，报道是有关汇率暴跌的新闻，一些专家对汇率的快速下跌表示担忧。主要的理由是，最近的汇率下跌会给韩国造成消极影响，令其走出全球金融危机的前景更加暗淡，因为韩国就是通过出口来克服这一次的全球金融危机。前几个月还说，汇率暴涨状况特别严重。这没几个月的工夫，又开始说汇率下跌成为问题了。

2005年的2月28日，韩国综指以1011.36点结束了当天的交易。这是从2000年1月4日后，整整5年来第一次回到1000点以上的日子。2005年第一季度的韩国经济呈现出最差的状况，但是股指突破了1000点，真可谓冰火两重天。而且，房地产价格也逐渐开始攀升。因为前一年韩国政府大力实施的房地产价格抑制政策，房地产价格的涨势有一度停滞不前。

重新站到1000点关口的韩国股指，迎来了关于它的第一场辩论。这次不像以前那样大家普遍都认为它会下跌，而是认为它将会继续上涨的论点和重新回跌的观点一半对一半。虽然很多金融专家都指出，这一次韩国综指的跃升是出于继续上升的大趋势，但是大部分散户投资者——他们在以前的涨跌区域受到了惨重的损失，不敢轻易相信专家们的建议。

在这个状况下，金晓阳的思路还是很明确的。股指突破1000点以后，金晓阳下意识地攥紧了拳头，然后不断重复着说："这只是开始，这只是开始，这只是开始……"

过去两年间，金晓阳的炒股总额已经增至1300万韩元。光是股价反复涨跌的去年，金晓阳的收益就超过了60%。这主要是因为他相信股价先行于经济周期的原则，战胜了股市的反复无常。跟妻子一起加入的股票型基金的收益率也在6个月内超过了40%。

不过，不同于对股市强势上涨的信心，金晓阳对经济的担忧越来越多了。进入2005年以后，没有一点儿迹象表示经济状况将会好转。尤其是内需不振，导致自营业者的经营非常痛苦。加上高油价和世界经济增速放缓等原因导致韩国国内经济的困难加剧。雪上加霜的还有汇率冲击的担忧，让市场再一次陷入了不安中。也就是说，这段时间的内需不振，好不容易用出口来弥补了，现在汇率一上涨，就导致出口增速放缓，经济状况会进一步恶化。实际上，美元兑韩元的汇率是从2004年初的1200韩元开始下跌，到11月份跌破了1100韩元，向下探底。2005年3月份跌破了1000韩元的支撑线。新闻上说，汇率下跌，导致出口企业的业绩恶化。那些原本没有多少竞争力的中小企业因为受到汇率冲击，日子更难过了。由于美国的双子赤字（财政赤字和贸易收支），像这样的美元贬值现象应该是要维持一段时间了。

国际化社会，不懂汇率可不行

2005年早春，金晓阳和崔大友两家人在崔大友家里一起吃了晚饭。吃完晚饭以后他们一起看了电视，电视新闻上主要报道着有关最近汇率下跌的问题。金晓阳看电视看得很入神，大致意思都能领会，但对那些涉及汇率问题的专业用语依然有点儿不太习惯。最近读经济新闻的时候也有类似的感觉。不论多么仔细地读新闻，也总是搞错汇率相关的词汇。一想到韩国就要进入国际化社会了，外汇市场的重要性越来越重要，自己却连新闻报道都听不明白……真是没法应对呀。

“小金，你怎么一直盯着电视看啊？”

崔大友向金晓阳搭了话。

“啊？啊……我看刚才新闻上播了汇率的新闻……最近对汇率挺上心。”

“最近汇率确实是让人关心的事。尽管时间很短，但在亚洲金融危机以前韩元兑美元的汇率跌破过1000韩元兑换1美元……”

“随着全球化的进一步深化，我觉得如果不知道汇率的话就不可能真正知道经济周期或企业收益率等内容，所以想学点儿汇率的知识。不过呢，我自己看书学习的时候基本能理解，但是看新闻的时候就总是找不着调。是不是我的脑子有点儿笨啊？”

“别人也一样啊。汇率这个东西本来就很难。汇率中有太多的因素关联，用词也很容易搞混……实际上对于PB来说，汇率也不是那么轻松的问题。”

“哦，原来是这样啊，这倒是挺让人欣慰的。原来不止是我一个人犯愁啊。我看汇率的时候吧，虽没说要预测，但至少想看懂这汇率的新闻到底都讲了点儿啥。经常是看汇率相关新闻的时候，看一遍没看懂所以就倒回来再看一遍。”

“是吗？那要不今天咱们谈谈汇率的问题？”

“我当然OK啦，求之不得呀。”

“首先我想看看小金对汇率有多少了解。”

“要不您直接把我当成一个初学者吧，就当我什么都不懂。我觉得我应该从基础知识开始学起。”

“好啊，那就从基础知识开始谈起吧。”

崔大友用遥控器调低了电视的音量，转身坐在金晓阳面前。

“小金，汇率是指什么呢？我们怎么说明汇率呢？”

“汇率是指我们国家的钱和外国的钱之间的交换比率吧？比如说，如果现在美元汇率是1美元比1000韩元，就代表着用1美元可以换取1000韩元。”

“对，而且汇率还表示了我国货币对外国货币的价值，也就是相对购买力。美元汇率如果是1美元兑1000韩元，就代表1美元和1000韩元是同等价值的。那么我们进入下一个问题。如果汇率从1美元兑换1100韩元变动为1000韩元，那么这是叫汇率上升还是汇率下跌呢？”

“当然是‘汇率的下跌’啦。”

“对，‘汇率从1美元兑1100韩元下跌为1美元兑1000韩元’，我们都是采用这种表达方式。那么你说说这个时候货币、也就是韩元的价值是升值了呢，还是贬值了呢？”

“嗯，要买1美元的时候需要的汇率从1100韩元减少为1000韩元，那就说明韩元的价值相对上升，美元的价值是相对减少了。”

“对的。这应该叫韩元升值呢，还是叫韩元贬值呢？”

“韩元价值上涨了……所以叫‘韩元升值’吧？”

“对，那这个时候应该叫韩元强势呢，还是韩元弱势呢？”

“韩元上涨了所以应该叫‘韩元强势’吧？”

“对，那么我再问一次，‘现在市场上出现美元弱势的现象’，那么这个时候是指韩元兑美元汇率上涨呢，还是指下跌呢？”

“哦……也就是说……我又开始搞不清了。”

“美元弱势就是指美元的价值在降低，也就是说，相对来说韩元价格正在上涨。韩元价值上升，韩元升值，韩元强势都是一种意思。汇率下跌的时候都会这样表述。汇率‘下跌’了，韩元却‘强势’，很容易混淆吧？不过这一点就是汇率的基础。要做到不会混淆这些概念，熟练地应用才可以。我们再整理一次看看。也就是说‘韩元兑美元汇率下跌=韩元价值上涨=韩元升值=韩元强势=美元弱势=美元贬值=美元价值下跌’，这些都可以算作是同样性质的表述。”

“弱势美元就是美元弱势，美元弱势就是美元价值下跌，美元价值下跌代表韩元价值的上升，韩元价值的上升代表汇率下跌。原来是要按这样的顺序考虑呢。”

“是的。不过呢，即使这样梳理过之后，你再看财经新闻也会搞不清楚，我在做PB之前也是那样……如果新闻上出现‘韩元暴涨到1000元’的消息，你觉得这是指汇率上涨了呢还是汇率下跌了呢。”

“当然是说汇率涨到1000韩元呗。”

“错了，是指汇率跌到了1000韩元。‘汇率上涨’这个表述和‘韩元价格或者韩元上涨了’这两种表述要好好区分开来。‘韩元’或者‘韩元价格’不是‘汇率’而是指‘韩元价值’，汇率和韩元价值呈相反关系，也就是说是完全相反的。汇率的下降代表韩元价值的上升。比如说，汇率现在从1100韩元变为1000韩元，那么我们会说‘汇率下跌了’，但是也会说‘韩元上涨了’。”

“真是容易令人搞混呢。”

“好好精读几篇汇率相关的新闻报道，你就慢慢能够习惯汇率相关的词汇了。这个程度的努力你是会做的吧？”

“那是当然了呀。”

汇率跌倒，企业吃饱

“那么我们转到下一个阶段吧。如果汇率下跌的话，那么你说说出口是会增长呢还是会减少呢？”

“我听到最近的新闻报道都说汇率下跌导致出口减少，经济发展会放慢。”

“哦，你记得很好呢。那你觉得进口会怎么样呢？”

“这个嘛……如果出口减少了那么进口应该增加吧，我不知道为什么会这样，只知道结果就是前面说的那样。”

“汇率下跌后出口减少是因为在海外市场我们的商品变贵了。比如说我们国家的某一个企业生产电视机。假设它的生产成本是300万韩元，加上利润10%，销售价是330万韩元。汇率1100韩元的话，在美国的出售价格应该是3000美元吧。但是后来汇率跌到了1000韩元，那么它在美国的售价要涨到3300美元，才能保证它的330万韩元的生产成本和基本利润。这样一来，美国消费者只能选择其他国家的商品。同时，韩国向美国的出口就会减少。如果将美国国内的销售价格维持在3000美元，卖出一台电视机的价格折合成韩元就只有300万韩元，因此也就刚好够本。对于国内生产厂商来说，生产这个商品根本就没有利益可图。不管怎么样，选择什么样的方式，对于销售方来说都是损失。”

“原来是这样。”

“相反，如果韩元价值上升，进口会增加。举例说明的话，假设你从美国进口50美元的化妆品，排除中间商的利润，汇率在1100韩元的时候在国内可以卖到55000韩元。这时如果汇率跌到1000韩元，那么此时专柜上卖这个化妆品的价格只有50000韩元。这么一来外国商品在国内的价格会越来越低，也就是说国内消费者对外国商品的需求会越来越大。因此进口会增多。”

“我明白了为什么汇率下跌的时候进口增加、出口减少，那么汇率上涨的时候所有往相反方向考虑就可以了吗？出口增加，进口减少……”

“对，我们还拿出口电视机的情况来作说明，汇率从1100韩元上升到1200韩元的话可以把电视机的出口价格压下来，从3000美元降到2750美元。2750美元乘以汇率的话就是330万韩元是吧？我们国内的企业只要能拿到330万韩元，其他的就不管了。所以汇率上涨的时候就形成了价格竞争力，向海外出口的企业也挺多。”

“现在我才搞明白了。实际上我们国家的出口企业是汇率上涨的时候有利，进口企业却是汇率下跌的时候有利。”

不管钱是否贬值，都可以从中获益

“我们刚才看到了汇率变化和进出口之间的关系。那么我们来看看汇率变化和资本投资的关系。这会儿小金来看看，如果持有美元资产的话，是汇率提高的时候对你好呢还是汇率降低的时候好呢？”

“是啊……汇率……都在上涨应该对我不错。”

“你来说明一下？”

“比如说我要投资到美国100万美元。如果当时的汇率是1100韩元的话，我就需要11亿韩元的资金。我们先不说投资收益的问题。如果韩元贬值，变成1200韩元兑1美元，那么我的资产价格是12亿韩元了。因此我就是赚了1亿韩元。如果汇率下跌，也就是说韩元升值，到了1000韩元的话，我变现的时候只能变现10亿韩元，因此我是属于亏了1亿韩元。”

“对，那你觉得对那些从国外借外债的人来说，情况是怎么样的？”

“我觉得肯定是要觉得汇率下跌对他们更好。”

“为什么呢？”

“比如说我是在汇率1100韩元的时候借入了100万美元的外债，那么到国内变成了11亿韩元。这个韩元到最后还债的时候汇率上涨到了1200韩元，因此我要还100万美元的话就需要换12亿韩元，而不是11亿韩元。最后我是借了11亿韩元后，还了12亿韩元。做了一个亏本买卖。反过来如果韩元升值到了1000韩元的水平，那么我到时候只要还上10亿韩元就可以了。”

“对，这么看问题也是没错的。在投资的时候我持有的资产的价值或价格上升才能生成利润吧？如果我持有的是外汇资产，那么希望韩元贬值。如果我持有的是外汇债务，那么希望韩元升值。”

“还可以这么想呢。”

“所以我们如果碰上‘用外币’的基金，那么找一个将来能够升值的地区，投资到那里是最好的选择。比如说在美国和欧洲中选择一个做我的海外基金，那么当这两个地区的预期投资收益率相同，只有汇率预期不同的时候会怎么样呢。美元兑韩元汇率是下跌预期，而欧元兑韩元汇率是上升预期。那么，也就是说，更适合选择欧元区的项目，因为它将来收回资产的时候还可以获得汇差收益。我们用同样的办法也可选定出投资对象企业。比如，现在美元韩元汇率有下跌的预期。那么这个时候，持有美元外债的企业相对于持有韩元外债的企业要有利可图。那么在这个时候，资产较多的企业反而会产生资产价格减少的不利影响。”

“哎哟……又在讲课哪……休息天也没好好休息成……这里有水果，您尝一口。”

尹智慧端了一盘水果进了房间。

“别管他了，他说那种话题的时候最起劲。”

金贞熙在厨房插了一嘴。

“您也来吃一口吧？”

崔大友把水果接过去，顺便又侃侃而谈。

汇率是富国强兵的必备法宝

“在这里我们应该考虑考虑这个问题。从我们国家的整体经济来看，你觉得是汇率下跌好呢还是汇率上涨好呢？”

“我看经济新闻的时候，他们说为了重振经济，汇率要涨上去？”

“对，从‘经济复苏’的角度来看，出口主要是把我们生产的产品卖给国外，进口主要是买进别国生产的产品。那么为了让经济复苏起来，应该是要扩大国内的生产吧？也就是说，减少进口外国生产的产品，多出口国内生产的产品，会对经济复苏起到帮助。而且从国富的层面上来看，汇率上涨也算是有利的。”

“为什么？”

“一个家庭想要财务稳健，就需要处理好收支相关问题。也就是说，收入高于支出才能保证他的财务稳定性。用盈余来储蓄，才能让财富积累起来，是吧？企业也是一样，要做到收入高于支出，才能实现纯利润，内部资金增加，企业的情况也变好。国家和家庭，还有企业都是一样的。一个国家要想富强起来，那么首先需要它用进口来支付的钱小于它能从出口中赚取的钱。也就是说出口要大于进口。然后，这些省下来的外汇就成为外汇储备。”

“难怪这些国家都想让本国的货币维持弱势呢。我们国家是想要防止汇率的进一步下跌，美国好像挺喜欢现在的弱势美元状态，中国拼命阻止人民币升值，日本和欧盟也差不多……”

“是的，尤其是我国的国内经济规模太小了，对出口的依赖程度非常高。从上世纪六七十年代经济开发时代开始，我们一直都是以出口作为主要的增长动力。照这么说来，为了提高出口，我国在以前就喜好用高汇率政策。还有，外汇资产和负债的层面上也可以想象。如果进出口属于实物部门相关的观点，那么我们这次可以看看金融部门相关的观点。外汇资产持有国希望汇率上升，外汇负债持有国希望汇率下跌。去年，也就是2004年，韩国的对外债券是2842亿美元，对外债务是1722亿美元。我们国家算是1120亿美元的纯债权国。”

“那您的意思就是说从金融层面上来看，汇率上升比汇率下跌更有利？”

“是啊。也就是说，不管是看实物部门还是金融部门，汇率上升对我国是更有利的。只不过汇率上升会带动进口货物的价格，这会导致国内的物价上升，这样的话就不是那么理想了。像最近这样，石油价格持续上涨，而且极有可能引发物价不稳定，那么汇率上升反而对国内经济不好。”

“只考虑经济增长这个目标的话，汇率上升可能有好处。但是考虑物价稳定的话，汇率上升并不是那么理想的。您是这个意思吗？从个人和企业的不同角度来看也有不同吧？从出口企业的立场上来看，汇率上升是好事，但是从进口企业以及个人消费者的立场来看，汇率下跌应该是更好的事情。”

“你说得也是挺有道理的。汇率上涨的好处主要体现在出口企业上，从个人消费者的立场上来看，汇率下跌更有利于他们。不过考虑到个人收入和经济景气有密切的关系，汇率下跌对消费者更好的说法并不是那么绝对的。”

盲人摸到的是大象还是神马

“不管怎么说，从经济增长的领域上来看，汇率的上升是有利的。那么现在韩元汇率已经下跌了将近100韩元了……你觉得如果汇率还继续下降的话会有什么样的效果？企业的业绩会变差，企业的股价也会下跌吧？”

“一般来说是会那么理解的。汇率下跌的话出口减少，企业的收入减少，股价下跌……但是实际上股价和实际汇率的变动之间没有什么太大的相关性。”

“汇率是一种相对性的概念。也就是说，不能只看我们国家的汇率，还要考虑竞争国家的汇率。比如说在美国市场上，韩国商品和日本商品在竞争。如果这个时候韩元的价值上涨了10%，那么韩国商品的价格就需要上浮10%。但是如果日元的价格上涨了20%，那么韩国商品的价格反而会比日本商品便宜。也就是说，韩元兑美元汇率下跌了，却可以促进韩国商品的出口了。”

“哦，原来是这样啊。一般说来，韩元汇率上涨对韩国经济增长有力，汇率下跌对经济增长不利。但是不能只看这些内容，还要看竞争国的汇率动向？”

“对的。还有一点要记住的是，要把经济指标和投资联系起来。这个时候绝不能用一个指标来判断你的投资决策。想想盲人摸象的故事。每个盲人摸到的大象都是真的大象，但都是片面的。所以他们没有办法正确地描述什么是大象。我们考虑经济和投资之间联系的时候也是一样。一定要综合考虑各种指数，绝不要只看一个指标就贸然作出投资决策。就像小金刚才说的汇率和股价之间的关系也是一样的。对股价产生影响的因素不只是汇率。还有利率和经济动向也一样对股价走势产生重要的影响。利率和经济动向对企业业绩的影响也非常大。其实汇率和股价走势之间没有太明确的相关关系。而利率和经济走势是和股价走势呈现出一定的相关关系的。因此我们可以说，利率和经济走势对股价走势产生更大的影响。所以呢，只看汇率来下决定的话，很有可能会作出一个错误的结论。

实际上今年的汇率下跌后，确实有可能对股价产生负面影响。但是利率还是对股价有正面影响。而且到下半年以后，股价上升的因素比下跌的因素多。这个时候还在问‘汇率下跌的时候股价一般都是下跌的，为什么股价是上涨的呢’这种问题的话说明开始走进以偏赅全的误区了。”

“还真是呢，不能只看一个指标，要综合考虑各种指标以后再作决定。感觉挺难的。”

“这只是一开始难一点儿而已……汇率不是单纯地由一国的国内经济状况决定的，它是一个相对概念。别国的经济状况、两国政府的政策、国际力学关系、地缘政治学等等很多种因素在影响着汇率。所以说汇率的预测是很难的，比利率和股价预测困难。很多专家都不太容易预测出汇率。所以预测汇率的时候要综合考虑多位专家的意见，参考国内机构和海外研究机构的资料。”

“汇率预测原来是这么困难的呀。既然这样，我倒是希望它和股价走势没有相关性就好了……”

“呵呵，那也不错嘛。”崔大友抓了一个硕大的橘子递给了金晓阳。

全世界通行的经济规律

“实际上，我更关注的是国际收支，而不是汇率。以前已经说过一次了，在投资上最重要的是资金的流向。这个问题在我们从股票、债券、房地产等资产中选择一个投资项目的时候尤其重要，而且我们在选择投资地区和国家的时候也是一样适用的。我们国家的股价想再上一层楼的话，就需要国外的资金流进韩国。不管是以出口汇兑的形式流进韩国，还是其他外国人的投资资金流进韩国，首先要让外部的资金流进韩国。这样才能让股价强劲地上涨。”

“资金集中在一起，就能提高资产价格？”

“是啊，去年，也就是2004年，韩国的经常收支盈余规模是280亿美元以上，资本收支也是因为外国人投资资金的流入，记录了80亿美元的盈余。两者加在一起总共360亿美元。也就是说这个规模的资金已经流进了韩国。”

“这么多资金？这都快到400亿韩元了！韩国国内因为低利率，所以有很多闲散资金流进了股市。还有这么多的外国资金流进韩国……那我是不是可以小小期待一下今年股市的表现呢？”

“这个就交给小金你自己来判断啦。投资决策是要自己负全责的。”

“但是，中国不是也有很庞大的经常收支盈余和外国投资资金流入吗？也就是说中国的股市，将来会越来越好吗？”

突然听到孩子“哇——”的哭声。原来是小芽。尹智慧一溜小跑，跑进了房间。过了一会儿，尹智慧带着孩子出来了。小芽这个孩子刚四岁。

“小芽的头撞到了小草的胳膊摔倒了。”后面跟过来的小熙说。

“没事的，小芽，哥哥们只顾着玩，没看到小芽。小芽，到这边来吧。”

金晓阳伸开双臂，小芽就跑到金晓阳的怀里去了。

“哥哥不好，哥哥推我了。爸爸你去说说哥哥。”

“哦哦，好好好。爸爸等会儿问哥哥为什么推你了，啊。爸爸现在跟伯伯说话呢，小芽先跟姐姐一起去房间里面玩，好吗？”

小芽的脸上完全没有了刚才哭泣的表情，跟着小熙去了另外一个房间。

“小熙这孩子都像个大人了呀，每次见的时候都觉得她长得好快。”

“是吧，孩子们长大的速度很快。”

巨无霸汉堡的秘密

“但是，前面提到了汇率受到很多种因素的影响。那么，影响汇率的因素都有些什么呢？”

“决定汇率和影响其变动的主要因素有：国际收支、经济增长率、利率、物价、货币量、外汇政策、政治性变数、地缘政治变数等等。”

“好像和影响利率的因素很相似呢。”

“对，你看得很仔细。影响汇率的因素和影响利率的因素相似是因为经济指标这个东西并不是每一项独立变化的，而是都联系在一起的。汇率影响着利率，而利率也影响着汇率。”

“所以我觉得看懂经济很难，就好像没有标准答案似的。”

“是啊。刚才我们也说到了，要理解经济的话就需要综合考虑多方面的因素。不能像做数学题一样，代进公式里面单纯计算出来就可以了。这种机械式的求解方式不是经济学上的求解方式。不管怎么样，这种难度也给我们带来更多的乐趣……影响汇率的因素有很多，我感觉基本是由供需关系来决定的。就像商品的价格都是市场供需关系来决定的一样，汇率也是在外汇市场上通过供需关系来决定的。比如说在外汇市场上，美元的需求高于对韩元的需求，那么美元兑韩元的汇率就上升。”

“比如，我们用出口赚取的美元不够支付我们进口所需的费用，那么美元兑韩元的汇率就要上涨。是这意思吧？”

“还有，外资的流入和韩国的海外投资引起的资金流出，这两者之间的关系也会影响汇率。也就是说商品和服务的进出口引起的经常收支和资本流出、流入引起的资本收支之和就是国际收支。国际收支如果是盈余，那么表明美元供给多；如果国际收支是逆差，就代表美元供给小于需求。也就是说国际收支是盈余的话，汇率就更有可能下跌；国际收支是逆差的话，汇率上涨的可能性就越高。”

“原来是这样。除了供需关系以外，前面崔哥给我讲的那些因素也能给我仔细讲解一下吗？”

“先从哪一个开始呢？”

“您说了汇率是两个国家之间的相对购买力。那我们就从物价开始呗！”

“你记得很清楚嘛，像我们定义的一样，汇率是本国货币和外国货币之间的交换比率或者是购买力的比率。物价是购买力的尺度。我们举例来说明吧。同一个品质的汉堡包在美国的价格是5美元，在韩国是5000韩元。那么以汉堡包的价格为基准的话，美元兑韩元的比价应该是1美元兑1000韩元。但是韩国的物价开始上涨，一个汉堡包的价格涨到了5500韩元，那么$5=₩5500，即1美元等于1100韩元才算平衡。也就是说，韩国的物价上涨的话，韩元的价值就下跌，汇率就上涨。实际上每个国家的巨无霸汉堡包的价格都被换算成一个统一的标准，来比较每个国家的物价水平。这个叫‘巨无霸指数’。你也应该听过吧？”

“嗯，好像听过。”

“用别的形式也可以加以说明。如果韩国国内的物价上涨了，那么我们的出口品价格会上涨，进口品的相对价格是下跌了。因此我们的出口会减少，进口会增加；外汇的流入减少，外汇的支出增多。这导致外汇的价值相对提高，汇率就上升了。”

“物价上涨以后我们国家的出口价格上涨，这是为什么呢？”

“我们拿刚才那个电视出口的例子来说吧。国内销售价格是330万韩元，现在，美元兑韩元的汇率是1100韩元，那么美国的销售价格是3000美元是吧？但是在汇率不发生变化的情况下，韩国国内物价上涨，生产成本上升，销售价格再上涨10%，到了363万韩元。那么出口货物的价格也是相应地上升吧？在美国当地的标价也会上涨10%，到3300美元吧？同样的产品，因为韩国国内涨价，所以出口价格也会上涨的。进口品就是相反的。50美元一盒的进口化妆品，原来的价格是55000韩元。那么韩国国内品牌的竞争对手也按照55000韩元的价格销售另外一款化妆品。这个时候，如果韩国国内的物价上涨，韩国国内品牌的价格上涨到了60000韩元。这个时候进口品就相对来说变便宜了，所以对进口品的需求会增加。”

“哦，我能理解一些了。”

“那么现在我们看看利率对汇率产生的影响吧。我们假设小金你要做利率投资，也就是投资存款或者是债券。这个时候美国的利率是3%，韩国的利率是5%。那么你会投资到哪里去呢？顺便，我们假设没有汇率变化引起的汇差影响。”

“那我肯定是要找韩国的存款了，因为利率高呀。”

“明白了吧？如果韩国的利率提高了，那么从外国流入更多的资金，或者抑制了原来那些本来要流出韩国的资金。这样一来外汇流动性提高，韩元就会升值，美元兑韩元汇率下跌。我们简单整理一下。比较两个国家的利率，利率相对较高的国家的货币会表现得比较强势，利率相对较低的国家的货币会表现得比较弱势。政府在决定政策利率的时候，都在参考其他主要国家的利率，原因就在这里。”

“哦……”

“但是这里有一点要留意的是，两个国家之间相比较的利息率不是名义利率，而是指实际利率。也就是说，剔除物价上涨率因素以后的利率才能作为比较尺度。为什么呢？因为名义利率实际上相当于‘实际利率变动造成的汇率变动效果’和‘物价上升引起的汇率变动效果’。我们在提出了物价变动引起的汇率效果以后，才能观察到纯粹地由利率差异引起的汇率变动效果。”

“刚才好像变得容易一些了，现在却又变难了。”

“哈哈哈……回去以后好好梳理一下，会对你有帮助的。这次主要看看货币量和汇率之间的关系吧。要是我国政府扩大货币供给量，对经济会有什么影响呢？”

“如果货币供给量增加的话，从短期上来说，利率会下跌。”

“还有呢？”

“投资和消费扩大，物价上涨。”

“那么利率下跌和物价上涨对汇率产生什么影响呢？”

“两个都是引起汇率上涨的因素，是吧？”

“是的。如果我们国家的货币供给量扩大的话，我们的本币，也就是韩元变多了。供给多了就代表它的稀缺程度下降了，韩元的价值就会下降，汇率就会上涨了。好，那我们最后看看外汇市场干预对汇率产生的影响。政府的外汇政策也是影响汇率的重要因素。”

“上个月，在国会辩论会上总理公开承认了政府的外汇市场干预，引起了不小的反响呢。”

“是啊。实际上为了防止汇率的剧烈变动，每个国家都有那种干预外汇市场的操作。这在外汇市场上是‘已经公开的秘密’。但是问题在于这位总理把‘秘密’承认成公开事实了。这很有可能让韩国成为所谓的‘汇率操纵国’，或者就是成为众矢之的。不管怎么样，如果政府干预外汇市场的话，你说他们是进行外汇买入操作呢还是外汇卖出操作呢？”

“从政府的立场上来看，出口增加，进口减少，多赚点儿外汇是比较理想的吧。那么政府应该希望汇率走高。想要抬高汇率的话……需要外汇价值上涨。要做到这一点的话，需要在外汇市场上让外汇成为稀缺品。那么政府应该是主要做买入外汇的操作，来干预外汇市场。”

“对，就是这样的。政府干预外汇市场的时候，大部分都是为了抬高汇率。而为了做到这一点就通过买入外汇来减少外汇的供应，增加对外汇的需求。当然了，就像前面已经提到的那样，如果出现汇率的剧烈变化，那么政府为了稳定汇率，会出面干预外汇市场。这个时候也包含着卖出外汇的操作。”

“然后，外国投资资金的流入流出也对汇率产生影响吧？”

“是的。外资的资本投资，尤其是证券投资资金对汇率产生很大影响。但同时他们也会受到汇率的影响。比如说，外国投资者的分红时间集中的三四月份，外汇需求就突然放大，汇率就会暂时性地上涨。”

“外国投资者的行为受到汇率影响又是什么意思呢？”

“从外国投资者的立场上来看，投资到韩国有可能发生的损失是两种：第一种是投资资产也就是股票和债券中发生的损失，这叫投资收益率损失；第二种是汇率变动发生的汇差损益。我们国家投资者在美国和中国等海外投资的时候也是同样的原理。”

“从外国投资者的立场上看……他们需要便宜回购美元，所以美元兑韩元汇率下跌的时候对他们有利。是吧？”

“对，没错。所以韩元汇率预期将要上涨的时候，相对来说外国投资者的美元抛盘就比较多了。因为如果出现美元上涨的现象，他们还要承担汇差损失。所以有时候在汇率下跌之前外国人急着套现，每当那个时候韩国股市就会有阶段性的下跌。当然了，影响外国人买卖韩国股票的决定因素应该是他们对韩国经济的未来预期……”

国际收支走势图

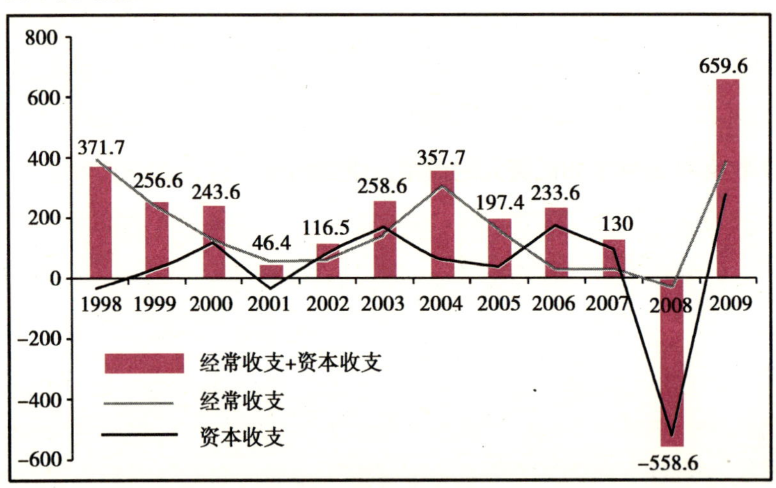

2005年9月7日，KOSPI指数记录了1142.99点，在历经10年10个月后，再一次刷新了纪录。低利率环境下找不到投资处的闲散资金通过投资基金集中到了股市，他们的资金源源不断地流进了股市。股指一路上涨，在2005年年末最后一天，韩国综指以1379.37点结束了当年的交易。2005年年初以896点开盘的KOSPI

指数，在2005年一年整整上涨了54%。KOSDAQ指数在这一年上涨了84.5%，继俄罗斯股指，成为当年全世界范围内上涨率最高的股市。

这一年，汇率在1000至1050韩元的区间内上下波动。虽然专家们一度担心会对出口产生影响，但实际上出口维持了很好的状态。值得注意的是2005年的国际油价也是一路上涨。到8月份的时候上涨到了70美元，其他原材料价格也是大幅度地上涨。现在高油价的问题并不是能源问题，而是引发通胀的因素，成为影响整个经济的核心问题之一。还好，汇率下跌多多少少磨平了国际油价疯狂上涨的部分，减少了其对韩国国内经济产生的恶劣影响。

不管怎样，2005年，经常收支记录了150亿美元的盈余，资本收支也记录了48亿美元的盈余。继2004年之后，2005年也是向韩国流入资本的一年。

“亲爱的，你在想什么呢？”

“呃？没什么啦……就是看到了一个比较有趣的新闻……”

“妈妈，你要买哪一个？咱们能买个大一点儿的吗？”

“到这边来。小草和小芽也看看，到时候告诉妈妈，你们都喜欢哪一个。”

妻子抓着小草和小芽的手，走到了前面。金晓阳也跟在后面，一边看着周围的电视机，慢慢走着。

你不可不知的理财秘密

汇率从1美元兑1100韩元跌到1000韩元的时候，我们称其为“汇率下跌”、“韩元升值”、“韩元涨了”。

对于出口企业来说汇率上涨更有利，对于消费者和进口企业来说汇率下跌更有利。

对于外汇资产持有人来说，外汇升值对他们有利；对于那些有外汇负债的人来说，韩元升值对他们有利。

一个国家要富强起来，就需要流进这个国家的资金比从这个国家流出去的资金更多。所以经常收支盈余是很重要的。

韩国以出口为经济增长的主要动力之一，现在还是对外纯债券国，汇率上涨对韩国来说更有利。不过汇率上涨会抬高进口商品的价格，造成物价不稳定。因此要适可而止，拿捏适中，不可过度追求汇率走高。

汇率是相对价值的概念。看待汇率问题的时候不只是要看韩国汇率，也要看竞争对手国的汇率。

汇率在外汇市场上根据外汇的供需关系来决定。根据进口出口的经常收支和根据资本流入流出的资本收支，这两项之和是国际收支。国际收支是顺差还是逆差，会影响汇率的走势。

比较两个国家的利率是实际利率，利率相对较高的货币会呈强势状态，利率相对较低的货币会呈弱势状态。政府在决定政策利率的时候，也会参考其他国家利率，主要原因就在这里。

韩国的股价要想再上一层楼，就需要外部资金流向韩国。不管是用出口赚取更多的外汇，还是外国投资者的资金流入韩国，总之，资金流进韩国才能让股价的上升更具弹力、冲力。

第五章
政府与市场之间不能说的秘密

投资者不应对抗市场潮流，也不能对抗政府政策

政府也有无法战胜的对手，那就是“市场”。在资本主义世界，市场经济越发达，全球化越深入，市场的作用就越大，政府调整市场的力量也就越弱。因此，政府想要改变市场流向的政策很有可能失败。

2006年年初，金晓阳原来的公司倒闭了。他只好在家休了一个长假。这段日子里，金晓阳再一次感受到了妻子的爱情和信赖。有一天，金晓阳去一家公司面试，回来的路上去崔大友的办公室坐了一会儿。两个人一边喝茶一边谈了关于政府政策的话题。对家庭的责任，对孩子们的愧疚，像大石一样牢牢压在金晓阳的胸口。然而，真正的男子汉是不会被困难打倒的！

在金晓阳到现在为止的人生中，有过两次危机。第一次危机是2001年因为炒股失败，输掉房子。第二次是在2006年，因为原来工作的公司破产，成了一个失业者。金晓阳原来工作的韩国电子虽然熬过了亚洲金融危机，但是在2000年初的时候贸然扩张到手机制造领域，结果却没有能够打进市场。韩国电子在手机制造行业蒙受了几百亿韩元的亏损，因为这一次的财务亏损，公司一蹶不振，最终提出了破产申请。公司重组，大规模裁员。金晓阳这个时候正好在韩国电子的手机销售部门，也没有能够逃过公司裁员的巨浪。

新闻报道上全是有关韩国电子的负面报道。妻子看着这些负面报道，什么怨言也没有说，只是不停地鼓励金晓阳："加油！"几天后，金晓阳抱着一个装满私人物品的纸箱回家的时候，妻子依然跟往常一样给了他一个温暖的拥抱。妻子对他说："谢谢丈夫这些年为家人努力工作，太感谢了。现在暂时不要想那么多，好好在家休息。"但是对于金晓阳来说，他实在无法天天闷在家里。这是一段最难受的时期。对家人的责任心和对未来的不安，都让金晓阳心急如焚。

"亲爱的，我有话要对你说。"

"嗯？什么话？"

妻子这么一说，金晓阳感到一点儿负担和愧疚。这时候距离金晓阳离开韩国电子公司正好一个月。

“我知道你是要帮我做家务事，还帮着带孩子，辛苦你了。但是我希望你在休息的这段时间内，把时间用在自己身上。”

“没有，我就是想做而已……”

“你能和小草还有小芽玩，已经让我很满足了。打扫卫生、洗衣服这种零散的家务活就等我下班回家以后做也行。这段时间，你倒不如去找那些以前没时间拜访的朋友，或者去图书馆看看书，或者是去爬爬山……总之呢，把时间用在自己身上吧。你就把现在当成是自己的休假时间和再充电时间。”

“是啊，我知道你的意思。可我真觉得现在这样挺好的。”

“我知道你一直为了家人努力工作。就休息这么一段时间，没必要对家里人感到愧疚。不管发生什么事，你是我们家永远不变的家长，对我来说是值得信任的丈夫，对孩子们来说是这个世界上最好的爸爸。我相信你。我希望你也能相信你自己。你明白我的意思吧？”

38岁也可以重新开始

失业后，金晓阳找了很多地方去进行了面试。38岁是一个比较尴尬的年龄。这个年龄已经过了在第一线负责实务的时候，但也没到坐上中层以上职位的年限。有的地方说他年龄太大，有的地方完全把他当成一个新人，开出让他难以接受的低工资。金晓阳找这个工作呀，找来找去，一时半会儿找不到满意的公司。再怎么说，自己在原来那家韩国电子还算是混得不错的……金晓阳有时候突然觉得自己原来也就是这么个水平，真没想到。而且随着时间推移，这种想法越来越强烈。

时间，就这么一天天地过去。金晓阳心里闷得慌，找妻子商量了一下："要不我先拿家里的存款做点儿生意？"

"怎么了？"

"唉，找工作也不太顺心，一直找不到合适的。像这样一直赋闲在家，也不是个办法。要不我做个小生意试一试？烤鸡店、小超市或是文具店什么的……"

妻子沉默了一会儿。

"你真正希望的，是重新做回公司白领的生活，还是做小本生意的老板？"

"那当然是想再找一个公司了。"

"既然这样，你就不要再想着做生意的事情了。做生意又不是你走投无路了才做的事。"

"这个我也知道……可我就是太闷得慌……"

"亲爱的，不要着急。你该走的路，该来的时候它会出现的。"

妻子甚至不准金晓阳去打零工。因为妻子认为，一旦熟悉了那种工作环境，就不太容易回到公司职员的轨道。她一直开导金晓阳，让金晓阳把这段时间当成是稍微长一点儿的休假而已。虽然妻子这种完全的、无条件的信任让金晓阳感到了一丝压力，但更给金晓阳带来温暖的爱心和极大的动力。

但是对孩子们，尤其是对小草，金晓阳常觉得非常对不起。每念及于此，金晓阳心里就感到一阵阵疼痛。小女儿小芽每天从幼儿园回家后发现爸爸在家，就很开心。这段时间对小芽来说是一段很开心的日子。小草呢，刚开始的时候还挺开心的。不过随着时间慢慢过去，看金晓阳的眼神也开始出现细微的变化。他毕竟8岁了嘛，已经开始有了自己的想法吧。金晓阳也担心会不会因为自己，小草被别的小朋友嘲笑欺负啊。

人生就是在磕磕碰碰中奋勇前行

失业生涯快到两个月的时候，崔大友给金晓阳介绍了KS电子的销售代表李建浩常务。KS电子是手机制造业的龙头企业，该公司还和一家韩国国内屈指可数的大型财阀集团有业务合作关系。经过崔大友的介绍，金晓阳去找了李常务，进行了简单的面试。回来的路上，金晓阳正好路过崔大友的公司，就上他的办公室去找他聊天了。

世界银行的江南区PB中心是在德黑兰路一个高级写字楼的最高层。每次到这里来的时候都能坐到客户专用电梯，基本上只有一个人。坐电梯的时候，金晓阳不自觉地想到，有钱真是好啊。不是单纯地说这个设施有多么高级，而是说这种为顾客一个人的服务实在是令人向往。PB中心的接待员将金晓阳领到一个接待室，就去叫崔大友了。过了一会儿，穿着工作装（白衬衫打领带）的崔大友出现了。可能现在正好是休息时间吧，崔大友的领带有点儿松了，袖子也卷起来了。

“没等很久吧？走，到我办公室去。”

每当来到崔大友的办公室，第一眼看到的就是左边墙上挂着的沃伦·巴菲特像。沃伦·巴菲特被世人称赞为“奥马哈的贤人”。墙上还挂着一些崔大友自己写的字，主要写的是投资哲学和交易原则等等。令人意外的是，他书架上的书还真没多少。第一次来之前，金晓阳一直以为崔大友的书架上肯定全是专业书籍，密密麻麻地摆在书架上。没想到过来一看，没几本书在书架上，令他大吃一惊。崔大友的办公桌对面有两把客户用的椅子，金晓阳坐在了其中一把椅子上。

“刚才正在工作呀？”

“嗯，和顾客已经谈得差不多了。刚才就是在准备一个报告资料，做PPT呢。”

“我是不是打扰到崔哥了？”

“没有没有。反正也得等总部那边发数据给我，急事也都处理得差不多了……对了，你见过李常务了吧？这事感觉怎么样，觉得靠谱不？”

“见了。多谢崔哥，太感谢你了。你还把我介绍得挺详细呢。”

“谢啥啊，客气了。我看李常务要的人就是小金你这样的。我只是把两个互相需要对方的人牵在了一起而已。不管怎样，希望有个好的结果吧。”

“嗯，这次真希望顺利通过。我已经快没脸见家人了。”

“没问题的，加油！”

实际上崔大友知道金晓阳失业以后，为了金晓阳的再就业，提供了很多帮助。比如介绍猎头等。正好，有一个客户是KS电子的，听他说KS电子准备扩建一个手机销售团队。所以崔大友就把金晓阳积极地推荐给了李常务。

“对了……最近炒股怎么样了？上次股价突然急跌的时候你那边没问题吗？损失大不大？”

5月11日，韩国综指刷新了历史纪录，达到了1464.7点。之后一路走低，连续下跌三周了。

“在年初的1400点附近就觉得有点儿冲不上去了，我分几批都给处理掉了。现在只剩下原来的三分之一左右，准备再找一次抓住低点的机会。崔哥您呢？”

“我？我的还那么放着呢。基金嘛，反正也是长期投资，就不折腾它了。我倒是知道会有一次调整，但是没有想到这个调整来得这么快，而且还这么大幅度地进行调整。早知道是这样，我就把客户的那些股票稍微处理一下了。算了，反正事已至此，再说这个上涨趋势也没变，早晚会涨回来的。我就等着它涨回来呗……”

“我觉得没什么问题。我的想法跟崔哥一样，觉得韩国综指将会超过1500点、2000点，甚至3000点。像我这样直接炒股的人嘛，买卖换手稍微频繁一点儿没关系。像您这样主要做基金的，我觉得稳当一点儿也没什么问题呀。”

“我的想法也是那样，不过客户们心里挺着急的……搞得我也挺不好受的。”

“这也没办法，新闻上天天报道股价在暴跌啊之类的。最近还有挺多人担心油价和其他原材料价格的暴涨……再说格林斯潘和其他经济学家们也担心这个通胀会拖经济增长的后腿……”

“你也知道，不管经济周期还是股价指数，都是在反复涨跌的过程中发展的。没有一种商品的价格是一直向上走的。就像经济周期就是扩张期和衰退期循环反复地出现一样，股指也是反复呈现上涨和下跌的过程，阶段性地向上涨上去的。我们知道的‘超短周期’也是同样的原理。今年，也就是2006年，第一季度看见经济周期的高点后，下半年的经济发展应该是越来越放缓了，是吧？这里面不是说经济会进入一个长期衰退期，而是说到明年第一季度先放缓一下经济发展，再从第二季度开始重新发力冲上去。还有专家们的意见也应该只是对通胀和经济衰退的担忧，现实生活中这些现象毕竟还没有显现。”

经济规律就是一个轮回接着一个轮回

“那么，为什么美国政府总是喜欢反复调整利率呢？利率这个东西一定要有政府来干预吗？为什么不交给市场来调整利率呢？”

“关于政府干预市场这个问题，是没有定论的。像美国政府干预市场的理由是，害怕美国经济又像上世纪30年代的大萧条一样，出现所谓‘市场的失败’。因此，美国政府主要想事先预防这种大萧条发生。从这一层面来看，政府的干预政策也和经济循环周期一样，有着一定的内在规律。”

“一定的内在规律？”

“是的。代表性的例子有，景气和利率政策之间的循环规律。实际上，即使政府不去干预市场，市场中的利率和经济周期之间也是有某种循环规律的。比如，利率下降→投资和消费增加（经济情况变好）→资金需求增加→利率上升→投资和消费减少（经济情况变差）→资金需求减少→利率下降。这就是自然而然发生的循环过程。但是在这一过程中，如果投资和消费的增加太过剧烈，也就是说投资过热、消费过热等经济过热，那么会引发严重的通货膨胀。相反，如果投资和消费的减少太过严重，就会投资委靡、消费委靡，经济情况进入萧条阶段。那么，政府的目标就是提前防止经济过热或经济萎缩，令经济的发展更加稳定、平稳。也就是说市场过热以前预先提高利率，在市场委靡以前预先降低利率，以求比市场变动更快一步。2001年美国IT泡沫破灭和“9·11”恐怖袭击导致美国经济陷入衰退，FRB立刻实行攻击性的减息，其幅度和速度是非常惊人的，在短时间内减到了1%的利率。之后，美国经济慢慢复苏，原材料价格稳步上涨，这又导致了通货膨胀忧虑的加深。这个时候，FRB又开始分阶段提高利率，现在到了5%左右的水平。怎么样，这个例子充分说明了经济景气和利率之间的关系吧？”

“也就是说为了减少经济景气的变动性，政府用利率来干预市场，是吧？既然这样，政府提高利率也不完全是负面消息了吧？政府提高利率代表现在的经济状况非常不错啊。”

“是啊，确实可以这么解释。但是，不管怎么样，政府提高利率会直接导致市场上资金融资成本提高、紧缩金融。因此，对于投资者来说，政府提高利率就是一个负面信息。尤其是在政府反复提高利率的时候，经济紧缩可能性会急剧上升，需要提前予以足够的重视和警惕。”

“嗯，的确。不过，我们前两天不是谈到过，在短期内股价和利率的变化是呈正相关关系的吗？也就是说它们两者是向同一方向变动的。那么，政府提高利率是不是说明股价也会上涨？”

“很敏锐嘛，小金。事实上政府提高政策利率也就是说明政府对本国经济的恢复有明确的自信。是不是？还有，政府提高利率的时候，会在不影响经济发展的情况下渐进地调整（提高）利率。也就是说，很少会因为政府提高利率而导致经济衰退。”

“那刚才崔哥您说的‘要提前警惕’是什么意思呢？”

“呵呵，我是不是在前面加了一个‘连续加息的时候’这么一个注释？政府提高政策利率到某一个水平后，会放慢提高利率的速度或者是停止提高利率。那么在这个时候，市场中的投资者就千万要小心了。政府停止提高利率，代表的意思是，如果政府再继续提高利率，就会对经济产生影响。这个时候的利率水平正好在‘经济衰退’和‘经济维持现状’的十字路上。也就是说，经济衰退很有可能就要来临了。”

“崔哥的意思就是，政府开始提高利率以及提高利率的前期阶段，股价的上涨还不错；不过利率上涨到一定水平，直至提高利率快要停止的时候，经济衰退和股价下跌的可能性会迅速提高。因此这个时候要严加防范、小心翼翼。是这个意思吧？”

“对，就是这样。”

知道政府究竟怎么想，真的很重要

“那么，像美国和韩国这些国家的政府制定利率政策的时候有没有一个参照标准？我感觉应该是存在一个基准或标准来判断现在的利率水平是否是适当的……”

“很好的问题。以前我们在谈论利率的时候说过‘利率是经济增长率和物价上涨率之和’这句话吧？”

“嗯，我还记得。”

“用这个指标就可以。我们一般判断一个国家的适度利率时，‘该国的潜在经济增长率和物价上涨率之和’为适度利率。在这里潜在经济增长率是指，在不引发物价上涨的情况下，能动员该国的生产要素（资本、劳动力）来获得的最大经济增长率。这个潜在经济增长率同时也意味着这个国家的经济需要达到的适度经济增长率。我们在报纸上经常能看到‘要提高我国潜在经济增长率’这种话吧？潜在经济增长率越高，代表经济增长的余力就越大，经济的活力也就越高。潜在经济增长率也可以作为判断经济增长适度与否的判断依据。当经济增长率高于潜在经济增长率的时候，就需要抑制经济的过热；当经济增长率低于潜在经济增长率的时候，就需要刺激当前委靡的经济。”

“啊，原来是这样。您还别说，我看新闻的时候一直在想，用什么标准来判断经济刺激的必要性。原来是这个潜在经济增长率呀。”

“嗯。还有判断适度利率水平的时候使用的物价上涨率是根源物价上涨率（或是核心物价上涨率），有时候也用消费者物价指数。因为我国的物价稳定目标是以消费者物价指数为基准，所以消费者物价指数应该是最为合适的参考标准吧。”

“照这么说，只要知道我国的潜在经济增长率和消费者物价指数就能知道适度利率水平呗？那么我国的潜在增长率和消费者物价上涨率一般都是多少呢？”

“关于我国的潜在经济增长率呢，虽然有过很多争论，但基本上都看成是4%左右。我们看潜在经济增长率的时候就看成大概4.5%吧。还有去年的消费者物价上涨率是2.7%。将这些数字加起来，就能得到韩国的适度利率水平——大约7.2%。”

“现在国债的3年期利率是5%左右……也就是说利率在今后还要上涨？”

“从理论上来看是这样的。但是市场利率或政策利率这个东西不能只靠我们国家自身的状况来决定。海外资本的流入、流出，其他国家的利率政策、汇率、世界经济状况等等，这些因素都需要参考。所以呢，实际情况并不一定和理论上的推测完全一致。尤其是像韩国这种对外经济依存度较高的经济体就更是要重视外部因素。反过来，像美国或者欧盟这样的经济体，在世界上的影响力较大，事实上在引领着世界经济的发展，因此，它们能够从自身立场出发来制定利率政策。这个时候，我们刚才提到的理论就能比较准确地推算了。比如，世界上的主要机构预测今年美国的经济增长率为3%左右，而美国政府的消费者物价指数目标是2%左右。因此，我们可以推算出，美国现今的政策利率5%是和它的理论推算值较近的水平。”

“不管怎么样，现在韩国的利率水平应该是低于适度利率水平。最近，韩国银行的总裁在公开场合强调了市场流动性过剩的问题，而且主张韩国银行要提高利率。”

“对，我们国家的利率维持在适度利率水平以下的原因之一就是市场中的资金太过富余。实际上不只是韩国，全世界大部分国家都存在这种流动性过剩的问题，大部分的经济学家和政策决策层都在担心这个问题。市场方面也是因为这一点而担心通胀的问题。”

政府内讧了，请围观

“但是，我看潜在经济增长率的时候还有一个问题不明白。

以前看新闻，说韩国银行认为韩国的潜在经济增长率是4%出头，财经部却认为是4.5%以上，两个部门之间发生过激烈地争论。为什么会有这种两个部门之间估算值不同的现象出现呢？有什么特别的理由吗？”

“哎呀……小金提的问题是越来越尖锐了哈。这是一个非常不错的问题。韩国银行和财经部围绕着经济的现状表示出两种不同观点是理所当然的事情。”

“政府内部的不和谐是理所当然的？”

“哈哈哈，这个不和谐应该算用词不当吧。没那么严重。我们看待政府机构之间不同的立场时，首先要确认下面一个问题。小金，你知道任何国家都有两个核心的经济政策目标，是吧？”

“经济增长和物价稳定，这两种呗！”

“是的。正确地说，是‘稳定的经济增长’和‘稳定的物价’。那么负责经济增长和物价稳定的，都是哪个部门呢？”

“韩国财政经济部（简称财经部）主要负责经济增长，韩国银行主要负责物价稳定。”

“好。那么，小金你应该也知道经济增长和物价稳定这两个目标是难以同时实现的吧？”

“嗯。过于追求经济增长，会引起需求增多，导致物价上涨。相反，为了稳定物价而抑制需求，就会削弱经济增长的动力。”

“非常正确。那么为什么我们的政府把这两个目标分给两个不同的机构来负责呢？”

“这两个冲突的目标，需要两个独立的机构来负责实施。这样，通过两个部门之间的相互牵制、制约，实现均衡的经济发展。我是这么理解的。”

“财经部和韩国银行，这两个机构的工作都是为了我国的经济发展。但是呢，两者之间主张的政策优先顺序是不一样的。现在，财经部和韩国银行之间，有关潜在经济增长率的立场出现了差异。小金，你用咱们刚才谈到的知识来想一想这个问题。财经部和韩国银行的政策目标，各自是经济增长和物价稳定，这两个目标之间是有冲突的。考虑到了这一点后再看它们的发言，会很容易地理解它们的意图。”

“韩国银行说我国的经济增长率是4%出头，是因为它优先重视物价稳定的目标；财经部主张我国的经济增长率是4.5%以上，是因为它优先重视经济增长的目标。呵呵，原来是这样。”

“是的。我们先假设我国现在的经济增长率是4.5%。如果像韩国银行所说的那样，韩国的潜在经济增长率真的是4%，那么我们现在的经济增长率超过了4%的潜在经济增长率。也就是说经济已经处于‘开始过热’状态，有必要在它进入过热之前抑制其发展。为了抑制经济过热，就需要提高利率。这就是韩国银行的理论。因为提高利率有利于韩国银行的政策目标——物价稳定。相反，我们再来看看财经部的主张。按照它的主张，现在的4.5%的经济增长率低于潜在经济增长率（高于4.5%）。也就是说经济还处在‘委靡’的状态，有必要对经济施以刺激。为了刺激经济，就需要降低利率。降低利率有利于财经部实现它的经济增长目标嘛。从结论来讲，利率政策会根据政府如何定位潜在经济增长率而出现完全不同的变化，也对两个政府机构的政策目标起到较大影响。"

"真是有趣。还有这种隐藏的意思呢。"

"像这种韩国银行和政府之间的立场差异，只要你稍加关心就能轻易地发现。汇率问题也是一样的。政府呢，主要是偏好出口主导型的经济增长方式。因此，政府比较偏好汇率上涨。相反，从韩国银行的立场上来看，汇率上涨很有可能招致物价不稳定。因此，韩国银行往往反对汇率急剧上涨。"

"有意思。以后看新闻的时候，得先看明白相关机构对政策目标的立场呢。"

靠投资拉动还是靠消费拉动

背后响起了敲门声。接待员端了两杯冰凉的果汁进来了。对话中断了一会儿。金晓阳想起今天的面试，遂想到不知道面试结果怎么样。KS电子不管是企业规模还是将来的发展前景，都比之前工作的公司好了很多。尤其是对方开出的待遇条件很让金晓阳动心。

"这一次一定要成功啊……老天保佑我！"

金晓阳很想请崔大友帮忙问问他的面试结果怎么样。好几次都快要说出来了，硬是咽了下去。心急吃不了热豆腐嘛。搞得那么着急万一给人留下不好的印象怎么办，还是算了吧。而且，金晓阳知道崔大友这个人，只要能帮忙的事情，别人不说也会主动去做。

金晓阳决定换一个话题，不再去想面试的事了。

“我觉得想了解经济状况，首先要明白利率的问题。经济周期、股价、汇率、物价、政府政策等等，每一项都和利率有关系。”

“是啊。资本主义市场经济的核心是价格。其中，钱的价格就是利率。这么一来，所有国家的政府最重视的政策手段是利率，经济学者和金融专家之间最大的争论话题也是利率。总的来说，如果不理解利率的问题，就不能说理解了经济。”

“不过我看那些发达国家使用很多减税政策呀？使用频度一点儿不比利率政策少。那么我们国家为什么不常使用减税政策呢？要是能给我们减减税，那该多好啊……”

“政府使用某种政策的时候，应该是选择最适合该国经济状况的、最有效的政策手段。我们在这里要注意的一点是，每个国家的经济发展水平的不同决定该国经济发展的牵引力量的不同。因此，每种政策手段的效果，在不同的国家也不一样的。”

“牵引该国经济发展的力量？这是什么意思呢？”

“小金，你记得下面这个方程式吗？这个应该在经济学课堂上学过。”

崔大友拿起桌旁的一张白纸，在上面用很大的字体写下了“Y=C+I+G+NX”，再继续写下“经济总产量Y=个人消费C+企业投资I+政府支出G+海外部门净出口NX（出口−进口）”。

“嗯，我记得大学时候学过这个方程式。”

“经济有四个主体。它们是：个人、企业、政府、海外部门。每个部门的所得和支出相加起来，是整个经济的总产出（或者是国民收入）。”

“好久没听过，感觉很新鲜呀。”

“但是，随着经济发展阶段的不同，拉动经济的力量也是不同的……比如说发展中国家的经济，主要是由哪个部门来拉动的呢？我们先不考虑海外部门。”

“嗯……应该是政府吧？应该主要是政府支出这一块拉动着经济发展。”

“对，正确。发展中国家即使想搞经济发展，也没有钱实施经济发展项目。因此，经常会从外国接受援助或者从外国借款来推进国内经济发展。而且，因为该国金融机构的信用级别低，因此往往是政府给金融机构提供担保，使其能够从国外借款回来搞经济建设。这么一来，经济发展计划往往都是按照政府制定的政策方向来进行的。像韩国的经济发展过程，上世纪六七十年代的时候都是这么过来的。虽然那时候民间的反对声音不小，但是政府根据自身的判断，强行推行了很多经济开发项目。比如，新农村运动、京釜高速（连接首尔和釜山的重要高速公路）、建设浦项制铁厂、政策培育重化工业，等等。这种朴正熙时代的政府主导的经济发展政策成为了我国经济发展的根基……”

“我也是这么想的。”

“那么中度发展的发展中国家是靠什么来引领经济发展

的呢？”

“嗯……我感觉应该是投资吧。到最近为止，我国的经济发展也是靠企业的投资来拉动的。”

“对。中度发展的发展中国家，它的特点是，技术快速发展的同时国民收入增长缓慢。即，相对于这个技术水平来说，产品具有价格竞争力。也就是产品的性价比高。说得稍微夸张一点儿的话，因为产品具有价格竞争力，制造业的发展会很快，造什么产品都好卖。发展中国家也可以成为生产型经济结构。因为创业的机会多种多样，所以大家都会投资建厂，生产产品再去销售。

“这样过了一段时间后，以技术实力和价格竞争力为背景，开始在全球市场上崭露头角。这些国家开始出现几个具有实力的跨国企业。参考一下上世纪八九十年代的韩国，还有现在的中国，我们就可以很容易地理解这个理论。好了，那我们最后来说说，拉动发达国家经济的主体是什么呢？”

“最后剩下的只有个人消费这一项了？”

“是的。那么小金你来说说为什么只有个人消费才能拉动发达国家的经济呢？”

“这个嘛……我没有一点儿头绪。”

“发达国家经济是不可能成为生产型经济结构的。因为它的国民收入，也就是人工费太贵，没有办法像发展中国家一样大量雇佣劳力。这么一来，企业投资拉动经济发展的模式也触到了上限。对于发达国家来说更普遍的情况是，资金从国内流到国外去，在人工费便宜的发展中国家投资建厂，本国的制造业逐渐萎缩。不过发达国家也有经济增长的机会，这就是个人消费拉动的经济增长。发达国家的国民收入很高，国民收入高就意味着每一个国民赚得的钱很多。理所当然地，个人的消费支出规模也会水涨船高吧？像这样，个人消费的能量就是拉动发达国家经济发展的动力。消费水平高，意味着通过销售商品和提供服务来获取的利润率很高（或者获取高利润的机会大）。发展中国家用生产商品的方式来活跃经济，而发达国家是用个人消费来活跃经济。也就是说，发达国家是消费型的经济结构。实际上，从美国的情况来看，拉动经济增长的70%的力量来自个人消费呢。”

“我看新闻的时候就发现过这样的现象。当媒体对国内经济表示担忧的时候，韩国媒体先讲投资指标恶化，美国媒体先讲个人消费减少。以前觉得挺奇怪的，原来是这个原因。”

“要是再加上一点的话，就需要谈到就业了。在发达国家，就业指标的重要性丝毫不亚于消费指标。首先，就业指标表示着经济状况的好坏。更重要的是，就业直接关系到每一个国民的收入水平。”

“是啊。就业减少了就会导致国民收入减少，最后会减少消费呢。”

发展中国家偏好利率政策，发达国家偏好减税政策

“好。那么我们现在来看看各个经济发展阶段的主要经济拉

动手段是什么。首先看看发展中国家吧。在发展中国家，政府的作用很重要的。这个时候，该国的政府主要会选择什么样的政策手段呢？”

“是啊……如果是政府主导经济发展的话……应该是政府政策？”

“差不多吧。发展中国家的话，是政府主导经济发展。因此，行政管制或者直接对市场进行干预的方式将会成为主要的政策手段吧。在落后国家，因为资金储备不是很充裕，所以只要能从银行贷款，就可以说是某种特殊照顾了。这种国家的金融市场还没有发展成熟，无法充分发挥其功能。所以政府也不敢放心交给金融体系来实现资金的有效分配。而且，从社会福利的角度来看，政府还要进行基础设施建设。因此，落后国家的经济发展往往是按照政府的意愿来进行的，不是通过市场原理来分配资源的。就像韩国上世纪六七十年代，政府对特定的产业集中投资资金的做法就是一个很好的例子。”

“嗯，好像就是这样。既然市场无法有效发挥自身功能，就不能完全交给市场了。那么，发展中国家的主要政策手段是什么呢？”

“如果拉动经济的主要力量是企业投资的话，那么调整投资的政策手段应该是最主要的。调整投资的手段中，最普遍的、最有效的方法是哪一种呢？”

“那当然是利率呗。投资所需资金的融资成本是由利率来决定的嘛。”

“对。中度发展中国家最具代表性的政策手段是利率政策。实际上在我们国家，一谈到经济刺激政策，第一个被提出来的就是降低利率。最近的情况你也看到了。财经部为了刺激经济增长，主张降低利率，和主张提高利率的韩国银行出现了摩擦和争论。”

“但是实际上去年的情况是：虽然市场利率降到3%，到了历史最低点，但是经济状况没有好转，而是变得更差了。这是怎么回事呢？”

“你抓住了问题的重点。利率和经济周期之间的规律，确实在2004年不灵了。从这件事上可以看出，我们国家的政策方向有必要转换过来。”

“您这是什么意思呢？”

“我们国家的经济结构脱离了发展中国家型经济结构，开始进入了发达国家型经济结构，政府要根据这一事实来改变其政策手段。这就是我的意思。政府不能只靠降低利率的政策来刺激经济，往后会变得越来越困难。”

“啊，是吗？那么发达国家的政策手段和发展中国家的政策手段之间有什么不同呢？”

“小金你自己先想想看。落后国家是政府直接干预市场，发展中国家是降低利率的方式，那么发达国家究竟是用什么样的手段呢？发达国家的经济主要是靠个人消费来拉动的，那么能调节个人消费的手段主要有什么呢？”

“调整个人消费的手段……嗯……”

“小金你刚才已经提到过了呀？”

“啊，我知道了！原来是税收政策。对，政府调节税收的时候，可支配收入会发生变化，从而调节了个人消费。减税能提高收入，加税就是相反的效果呗。”

“对。发达国家刺激经济的时候，同时实施降低利率和减税政策（或是退税政策）。减税和退税能够提高个人收入，个人收入提高就会刺激消费，经济就增长了。”

“真有趣。每个国家的经济发展阶段决定政府政策的焦点不同。这个问题我还从来没有想过呢。”

“有一点要注意的是，不管是落后国家还是发展中国家，抑或是发达国家，都会使用直接干预市场、降息、减税等政策。只不过这些政策手段的偏好程度和重要性不同而已。而且，政府在实施这些政策的时候，还会配套实施其他政策。所以不能简单地用一刀切的方式来判断，知道吗？”

“嗯，我知道了。要不您顺便给我说一下其他的配套政策都有些什么？”

崔大友拿起果汁，喝了一口。

多出来的钱给谁花？

“这个嘛……小金你应该也知道啊。政府的代表性的政策主要有政府部门负责的财政政策和韩国银行负责的货币政策。”

“嗯，这个我知道。还有，这两种政策中都有‘扩张性政策’和‘紧缩性政策’，分别是刺激经济的政策和抑制物价上涨的政策。但是，关于更为细致的政府政策实行方法，还是有点儿一知半解的感觉。我倒是知道有几种方法，但是不知道这些政策都具体是什么样的政策，它们如何实施，具有什么样的效果……这些我都不太明白。”

“如果我们把经济比喻成一个人体，那么钱就是‘血液’一样的东西。刺激经济的扩张性政策就是给市场提供更多的资金供给，抑制经济过热的紧缩性政策就是减少市场中的资金供给。只要记住这一点，就会在你理解政府政策的问题上提供很多帮助的……财政政策手段有税收‘收入’和政府‘支出’。政府的财政其实就是从民间收上来的税收收入和以此为背景的支出来构成的。那么，现在如果要实行扩张性财政政策，那么是应该提高税率还是降低税率呢？政府支出是要增加还是要减少呢？”

“要给市场增加资金供给的话，就需要增加政府支出……关于税收方面呢，是需要减税。因为减税后就有更多的资金留在了民间（个人和企业）。”

“正确。从政府的立场上来看，收进来的钱少了，花出去的钱多了，就会导致财政赤字。这种现象经常出现。那么政府实行紧缩政策的时候，情况就会相反了吧？政府提高税收收入，减少政府支出，因此会更多地出现财政盈余。”

“财政盈余的情况是明白了。但是财政赤字的时候怎么弥补那一部分资金窟窿呢？”

“财政赤字的时候一般都是通过发行国债来融资。”

“我还有一点不明白。有时候政府或者政治家们有一个争论，就是围绕着‘追更’和‘减税’的争论。我看这两个政策都是为了刺激经济的经济扩张政策，为什么会冲突呢？而且还是那么针锋相对地对抗？”

“这两种政策都是为了刺激经济而增加市场中的资金供给。不同点在于，追更是扩大政府支出预算来扩大政府支出；而减税主要是减少个人和企业的税收，而减少流进政府的资金。”

“这两者之间有那么大差异吗？结果不是一样的吗？”

“这两者之间的差异主要在于谁来花这笔钱——市场中多出来的资金。比如说，政府现在加了个追更，那么这笔钱是由谁来花掉的呢？”

“追更是增加政府支出的政策，当然是由政府来花钱了。”

“那么减税的时候是由谁来花这笔钱呢？”

“减税的时候当然是由企业和个人来花掉这笔钱了吧？因为钱都留在他们手中了。”

“刚才说的就是关键点。追更主要是由政府来直接花钱，减税主要是交给企业和个人来花钱。其实就是对市场的信任程度不同而已。刚才说过了，发达国家的市场功能很强大，能够充分发挥市场自身应有的作用。因此，发达国家的政府也会放心地把花钱这种事情交给市场去做，也就是交给市场去分配资源。而发展中国家的市场还没有发展成熟，所以政府经常直接干预市场。从这个意义上来看，减税是发达国家的政策，而追更是发展中国家的政策。像美国和欧盟，碰到经济不景气的时候更多地使用减税政策；而像韩国这种发展中国家呢，更多地使用追更的方式。理由嘛，很简单，政府缺乏对市场的信任，而且不想放弃对市场的控制权。”

“原来有这种区别啊……”

“每次总统选举的时候，候选人都说希望建立一个‘小政府’。什么是小政府？小政府就是将政府直接干预市场的方式缩小到最小限度，信任市场，交给市场去分配资源的政府。那么这种政府主要会实施什么样的政策呢？是追更还是减税呢？”

“很显然是减税呀。”

“是吧？”

“追更和减税这两种政策的效果也不一样吗？”

“追更的特点是见效快，但效果不长久；减税的特点是见效慢，但效果会长久。当经济收缩是因为短期现象、心理因素而引发的时候，追更应该是比较有效的办法。如果经济收缩是潜在增长率下跌导致的，那么这种结构性的问题还是交给减税来处理比较妥当。”

利滚利，就能滚出好多钱

“财政政策理解起来挺容易的。那么货币政策都有些什么呢？”

“韩国银行的货币政策手段可以分为四大类。决定政策利率，也就是决定市场拆借利率是我们都知道的一项了。其他还有公开市场操作、存款准备金率、贴现率等政策。你也知道，韩国银行决定政策利率，会影响市场利率，从而调节市场中的资金需求和供给。具体来说，提高政策利率→市场中拆借利率提高→借钱的代价也就是贷款成本上涨→资金需求减少、投资和消费需求减少→经济增长放缓→经济紧缩。相反，降低拆借利率的时候就变成扩张性政策了。”

“那么公开市场操作是什么呀？我好像总听到这个词汇。”

“呵呵，没错。在新闻里总会看到韩国银行买入或卖出RP（回购交易）的新闻吧？这就是公开市场操作。公开市场操作就是指韩国银行向民间金融机构出售或买入国债的方式。市场中的资金不足而要扩大货币供给量的时候，或者要实施经济扩张性政策来刺激经济的时候，韩国银行是买入国债还是卖出国债呢？”

“如果要向市场提供更多的资金流动性……哦……应该是要买入国债吧？从民间金融机构买入国债，作为代价，向金融机构支付赎金，也就是提供资金，这就能向市场注入流动性了。相反，想要实施紧缩政策来减少市场中的货币量，就应该出售国债了。因为出售国债能吸收市场中的资金。”

“很正确。你看，不是很难吧？下面我们再看看贴现率政策和存款准备金率。在那之前，我们需要理解什么是‘乘数效应’。小金你还记得这个概念吗？学习经济学的时候应该学到过的……”

“只记得一点点。我只记得这个概念是，资金循环将会产生新的资金。您给仔细说明一下吧。”

“比如说，银行收到了1亿韩元的存款，银行再将这笔资金贷给个人或企业。从银行借来这笔资金的企业或是个人呢，会以某种形式花掉这笔钱。这笔钱在市场流动一段过程后，最后还是以存款的形式回到银行去。那么银行再把这笔钱贷给其他个人和企业。这笔钱进入市场流通后，还是再次以存款的形式回到银行。银行收到这笔存款后，再用它贷款给企业和个人。这笔钱再次流到了市场。这种过程循环往复地发生，资金从1亿韩元增加到几千亿、几万亿。这就是所谓的‘乘数效应’。”

“哦，我明白了。”

“存款准备金率或是贴现率调整这种金融机构通过贷款来衍生出来的资金，以此来影响市场中的货币量和利率。首先，我们来看看存款准备金率。你知道存款准备金率是什么吧？”

“银行为了随时满足储户的提现要求，义务性地在韩国银行（中央银行）存入一笔资金。这笔资金占该银行总资产的比重叫存款准备金率。”

“对，很正确。现在的存款准备金是银行无法用于贷款的部分。例如，我们假设存款准备金率是10%，那么当银行收到1亿韩元的存款时，要拿出其中的10%、也就是1000万韩元来存入韩国银行。之后，银行能够用于贷款的资金是剩余的90%，也就是9000万韩元。这笔钱贷出去后，在市场流通一段时间，再次回到银行。银行再次将其中的10%拿出来存入韩国银行，将剩下的90%也就是8100万韩元贷给民间的企业或个人，这笔钱再回到银行，银行存入存款准备金后剩下的资金是7290万韩元……以此类推。这样看来，每一次资金循环过后，银行能够用于贷款的资金是越来越少。之前说明乘数效应的时候，没有考虑存款准备金率。因此那个时候的资金创造是按照1:1的比率，无限地增长。考虑存款准备金的时候，问题就不一样了吧？”

“是啊。如果韩国银行提高存款准备金率的话，被困在韩国银行而不能贷出去的资金会更多。这么一来，市场中的资金供给减少，导致资金流动性减少。相反，如果降低存款准备金率的话，银行的贷款能力提高，市场中的流动性就会增加了。”

“是的。没那么难吧？这次再看看贴现率吧。基本原理是一模一样的。你听过总额贷款限度或是贴现率这些词汇吧？”

“是的，这些词汇好像是听过不少次。但是我不知道这些词汇是代表什么意思的。”

“如果个人和企业需要资金的话，就可以从金融机构那里借钱过来。同样，如果金融机构需要一笔资金的话呢，也可以从韩国银行那边借来资金。这个时候韩国银行能贷给民间金融机构的最高额度就叫‘总额贷款限度’；而这个时候适用的利率就叫‘贴现率’。金融机构一般是用收上来的存款作为贷款资金，但也有时候是用那些从韩国银行借来的低息资金来贷给客户。因此，韩国银行可以通过调整总额贷款限度或是贴现率来调整金融机构的贷款需求。最后以此为基础来调整市场中的流动性。”

“比如说，如果韩国银行提高了总额贷款限度，那么金融机构的贷款余力会增加，再通过货币的乘数效应来影响市场中的流动性。”

“对，就是这样。那么贴现率又会是怎么样的呢？”

“这个嘛……降低贴现率的话，金融机构的资金融资成本也会跟着降低，这样会使金融机构积极利用总额贷款来获得资金并将其贷出去。这么一来市场中的货币量势必会增加。反过来，如果提高贴现率，那么总额贷款的利用量会减少，货币供给量也就减少了。”

“对，就是这样，很好。”

这一年的11月末，韩国银行提高了存款准备金率。这一次的动作，距离上回有16年之隔。迄今为止，韩国银行主要是通过变更拆借利率、公开市场操作的方式来实施其货币政策。因此这一次提高存款准备金率是非常罕见的做法。其理由可以从房地产市场找到。当时的房地产市场上涨势头非常猛烈，政府三番五次地实施抑制政策却不见效果。为了抑制其过热的势头，政府就想到了减少市场流动性的必要性。提高拆借利率的方法，对经济的影响是整体性的，很有可能进一步恶化当时已经不算太好的经济状况。因此，韩国银行选择了提高存款准备金率的方式，直接从市场吸收过剩资金。

怎么也降不下来的房价，政府也无法战胜市场

“崔哥，你觉得房地产市场会怎么发展呢？我看政府一直出

台各种政策，但是房价就是不降啊。”

“小金你是怎么看的？”

“这个嘛……我感觉经济专家们批评得很对，政府一直用税收来抑制需求的方法是错误的，应该是提供更多的房屋供给来抑制价格。”

“是啊。实际上政府的房地产对策是一次失败之作。失败的理由主要是因为政府试图正面对抗市场。政府也有无法战胜的对手，那就是‘市场’。在资本主义世界，经济发展程度越高，市场经济越发达，市场经济的作用就越大，政府能够调整市场的力量也越来越有限。当然如果政府干预市场的方式正确的话，对经济能发挥某种程度的影响。但是，如果政府要对抗市场的话就另当别论了。低利率和流动性过剩导致房地产需求增加，这是一个必然的过程。像这样的市场现象，就需要通过另外的市场行为来解决——扩大供给。而政府却实施了抑制市场需求的政策，这是逆流而行的做法，肯定不能产生正面的效果。”

“不过政府要是设定了某种政策方向，就会动员所有能用到的手段，最后还是会实现它的目标，不是吗？房地产价格没有按照政府的想法走低，政府就拿出更为严厉的政策。虽然到现在为止还没有抑制房价上涨，但是将来应该会通过多种多样的政策、对策，最终抑制房价。我是这么理解的，不知道对不对？”

“房价上涨势头最终会停止，这一点我也同意。但是这不是因为政府的强硬政策，而是因为房价的过度上涨导致的自然的价格调整而已。实际上，现在的房地产价格确实有点儿不正常，谁看了都会这么想的。”

“啊……”

“政府在对抗市场的战役中以失败告终的案例并不只是这一次。1997年亚洲金融危机的时候，韩国发生外汇危机也是因为政府贸然对抗市场而使用了抑制汇率上涨的政策。当时，韩国的经常收支连续好几年都是赤字，韩国的很多大型企业集团都面临着倒闭的危机，甚至还有外部的亚洲金融危机。在这种情况下，韩国的韩元币值只能是下跌，也就是汇率要上涨。但是韩国政府坚持要维持韩元的汇率，最终只是浪费了韩国的外汇储备，国家陷入债务危机的困境。一国经济进入全球化阶段以后，‘市场’不是单纯的国内市场，而是面向全世界投资者的全球市场。政府对抗市场也就是说政府对抗全世界的投资者。”

“还真是，政府也对抗不过市场啊。那么我们的投资策略最好应该也是顺应市场的潮流了，而不是逆流而上。”

“这个嘛，应该考虑政府干预的方向吧。政府要是实施一种抑制政策，要改变市场流向，那么我们不能盲目追随政府政策。这个时候，短期上来看政府好像是压制了市场流向，但从长期上来看，却注定失败。因此，我们手上握着的资产如果是长期投资，当然是要追随市场的流向。政府的政策大部分只能调整市场流向的速度，很少有政策能够改变市场的流向。反过来，如果政府承认市场的潮流，在这基础上通过调整利率上涨速度或者调节汇率变化速度等政策，来调节市场变化的速度，那么我们应该追随政府的政策。还有，有些时候因为投机性资金的炒作，市场会发生一时性的错乱现象。这个时候政府的矫正政策是很有效的。总的来说，我们投资者既不应对抗市场潮流，也不应对抗政府政策。”

金晓阳在失业第3个月的时候再次找到了工作——KS电子，终于结束了为期3个月的休假。在这段时间，金晓阳再一次确认了妻子对自己的爱情，又一次庆幸自己是一个幸运儿。妻子一直用信任的眼光看着金晓阳。也正是因为这样，金晓阳在这3个月时间里没有感到多大压力，可以好好地给自己充充电。

金晓阳刚刚开始待业生活的时候，妻子就和金晓阳约定，绝不能做日线交易（Day Trading）。实际上，每天白天都在家里待着，着实让金晓阳感到很无聊，很想打开HTS（Home Trading System）在家开始买卖股票。不过还好，妻子在电脑显示器上贴了一个小便签，上面写着：“亲爱的，我相信你！我爱你！”要不是这个小便签，金晓阳或许早就开始了日线交易，越陷越深。真不知道怎么感谢妻子当时英明的决定，及时根除了金晓阳的欲望……

“妈妈，搬家以后我可以找朋友们来家里开生日派对吗？”

“当然可以呀。小草想招待朋友们，妈妈随时都欢迎呀。”

“妈妈，我也要我也要。小芽也要和朋友们一起过生日。”

“好，好！”

妻子在孩子们的寝室，正哄着孩子们睡觉。这个房子再过一周就要说拜拜了。这个半地下房子，虽然条件不是太好，但对于某些人来说也应该是不错的选择。但是金晓阳却不这么想。不，一开始的时候，金晓阳也努力让自己认为这个房子不错：还能找到这么一个房子，不幸中的万幸啊。这种自我安慰没能坚持多长时间。要不是自己炒股失败，就不会为了还债而卖掉妻子继承的房子，也不用搬到这个半地下的房子来，孩子们也不会那么难受，更重要的是孩子们也不会患上呼吸道疾病……妻子也不用出去工作，孩子们也不用度过妈妈出门不在家的白天……想到这些，眼泪又开始不住地往下掉。虽然妻子和孩子们不埋怨金晓阳，但是金晓阳却无法原谅自己。

要怨还是怨自己，这个房子本身没有错。在这里，小芽诞生了。金晓阳每天回家打开房门，两个孩子就会迎面扑过来。旁边的墙壁是小芽第一次站起来量身高的地方。圣诞节的时候都会有一棵圣诞树（虽然不那么大）在门口闪闪发光。厨房呢，妻子下班以后拖着疲劳的身体，在那里给一家人做饭。客厅里，金晓阳和孩子们一起看电视，一起玩耍。

休息日的时候，金晓阳夫妻睡个懒觉，孩子们就会钻进他们夫妻的被窝。小草生病难受的时候大家一起在里屋睡觉。小草还在浴室摔倒过，后脑勺长了一个大包。但是就在那个浴室，金晓阳和孩子们在那里戏水玩耍，度过了快乐的夏天。孩子们的房间里能够看到他们成长时的点点滴滴。金晓阳现在站着的小居室，就曾是家人们一起吃饭聊天的地方。孩子们就在这里给爸爸妈妈唱歌跳舞。不知道自己搬走以后，会多怀念这里的生活。

你不可不知的理财秘密

- 发展中国家以低廉的人工费为背景，通过投资来拉动经济；发达国家以高国民收入为背景，通过消费来拉动经济。

- 发展中国家最具代表性的政策手段是利率政策，它能直接调节投资活动。相反，发达国家综合运用利率政策和税收政策，各自调节投资和个人消费。减税或退税能够提高个人的可支配收入，扩大消费从而拉动经济增长。

- 财经部的政策目标是经济增长，而韩国银行的政策目标是物价稳定。因此，财经部和韩国银行在作出有关经济政策的发言时，他们之间不同的目标会造成不同的立场。这一点要好好记住。

- 刺激经济的扩张性财政政策中，提高政府支出是由政府来花钱的，减税和退税的方式是由个人和企业来花钱。这是由政府对市场的信任程度来决定的。

- 政府也有无法战胜的对手，那就是“市场”。在资本主义世界，市场经济越发达，全球化越深入，市场的作用就越大，政府调节市场的力量也就越弱。因此，政府想要改变市场流向的政策很有可能失败。

第六章
感觉到的经济状况不一定是真实的

经济低迷不等于消费低迷

危机其实是机会。当人们恐惧、害怕的时候，机会就在那里。勇者才能得美人，同样，跟别人走不同的路才能获得财富。

2006年，金晓阳的投资收益率没有那么高。2007年年初的中国股市急跌，告诉了金晓阳这是日元套息交易（The Yen Carry Trade）开始回流的信号。从这一年的夏天开始，韩国股市的股指也开始急剧上涨，金晓阳开始整理基金和直接投资项目，准备购进一套房子。2008年，各种经济指数出现反复上涨和下跌的现象。崔大友告诉金晓阳，要冷静地区分“理财景气”和“体验景气”。终于买到32坪大房子的金晓阳一家还有两周就要搬家了……

从投资的角度来看，2006年是无趣的一年。妻子购买的基金，从年初到年末几乎没有提高利润率。金晓阳的直接投资，居然出现一点儿亏损。上半年，虽然市场变动性很大，但是金晓阳少量获利。到了下半年，股市进入了上涨通道，可金晓阳的账户却发生了亏损。年初出售了一部分股票，不料五六月份股价猛涨。这个时候金晓阳犯了错误——追涨。股市短期调整的时候获胜的概率较低，因此要离开股市一段时间，或者按照长期投资的计划进行投资。但是金晓阳耐不住寂寞，玩了几次短炒，结果就亏了。

金晓阳倒是不太在意这些损失，其实也没多少。但是对于自己没有能遵守“不做短炒”的诺言，感觉很失败。前段时间获了一点儿利，就以为自己是股神了，无视市场潮流胡乱投资。这不，最后还是亏损了。

2001年夏天开始到2006年年末，这五年半左右的时间内，金晓阳的炒股投资获得了250%的利润。原来的本金是500万韩元，现在到了1800万韩元。考虑到这段时间内，韩国综指从500点攀升到了1400点出头，那么金晓阳是实实在在地跑赢了大盘。这些还得多亏金晓阳在股价上涨和下跌的时候，适时地调整仓位，尽量做到多赚少亏。不过在这段时间内，有些股票型基金获得了450%的收益率，远远高于金晓阳的收益率。

2006年最大的热点应该是美国FRB的连续加息以及高油价、原材料涨价导致的通胀忧虑。很多专家预测这一年将会出现市场流动性缩小、经济萎缩的现象。不过实际情况却没有往专家们预想的方向发展。2006年的流动性过剩的现象持续到了2007年。这种低物价和高增长的好光景是因为中国扮演了世界工厂的角色，向全世界供应低价商品，防止了通货膨胀。同时中国、印度等发展中国家成为了世界经济的新的增长动力。还有一点很重要的原因是，日元套息交易开始活跃起来。

钱多了，资产价格就会水涨船高

2007年2月27日，上海股市在一天之内暴跌了8.84%。前一天，也就是2月26日，上海股市上涨了1.4%，突破了3000点。但是到了2月27日，一千多只股票跌停，整个股市下跌了很多。上海股市暴跌引发了全球股市暴跌，连美国股市也暴跌了3.29%。

三一节早晨，金晓阳和崔大友乘车前往如意岛。今天有中途马拉松大赛。金晓阳和崔大友两个人都爱上了马拉松。两个人还没有跑完过整个赛道，现在的纪录维持在2个小时左右，这个成绩不算太差。

“崔哥，我看前两天中国股市暴跌了，这是怎么回事呢？”

“看新闻也看不出来很明显的原因吧？说实话，我也没找到令人完全信服的原因。研究机构发布的报告指出了中国提高人民币汇率、加息可能性、抑制股市过热政策等等。但是这些理由都是被说了很长时间的，不算这次股市暴跌的原因。”

“是吧？3000点好像是个顶，不太好往上冲……不管怎么样，真是很刺激呀，上涨的时候是暴涨，下跌的时候也是一泻千里……”

“不过这里有一个要注意的地方。”

“是什么？”

“有些观点把这一次的中国股市暴跌看成是日元套息交易的结束。”

“是吗？不过话又说回来，日元套息交易有那么重要吗？”

“嗯，是的。因为它关系到‘钱的力量’。”

“钱的力量？”

“你听过流动性过剩这个词吧？”

“嗯，新闻上说，现在是全球性的流动性过剩状态。我看过好几次这种报道。”

“日元套息交易发展后，市场中的流动性急剧增加，这个流动性又把债券、股票、房地产、原材料等资产的价格推向了更高的水平。相反，日元套息交易开始回收，就是意味着流动性收缩和资产价格的下跌。”

“您给再仔细说明一下吧。”

“流动性过剩就是指，在市场中的资金比正常水平高出了很多。资本这个东西有一个特性，就是‘资本追逐利润’。那么这些市场中多出来的资金，会为了追求利润，集中到股票、房地产、原材料等资产中。这么一来，资产价格只能是上涨了。2001年以后，世界性的资产价格上升现象一直持续，就是这个原因。”

“嗯，新闻上也是这么说的。不过，我有点儿不明白的是，各国政府不是应该会灵活地调整货币量吗？怎么会发展到流动性过剩的状态呢？”

“你还记得乘数效应吗？比起政府直接供给的货币量，那些被乘数效应创造出来的量多得多。而且，即使政府供应了同等量的货币，随着市场交易速度、贷款规模等等因素的变化，乘数效应创造出来的资金量远远高于人们的想象。我们看看最近的流动性过剩是什么原因造成的吧。到2004年为止，美国等世界大部分国家都实施了低利率政策，导致了市场中的流动性快速增加。美国的利率是1%，欧盟是2%，日本的利率甚至达到了几乎为0的水平。这样一来，贷款利率也跟着下跌。贷款利率下跌以后，人们用贷款来购买资产或者消费。这又导致了流动性的爆炸式增长。即使政府不增加货币供应，也会因为市场利率下跌，导致市场中的货币创造速度远远高于以前。拿韩国来说也是一样。韩国的拆借利率跌到了3.25%，贷款利率跌到5%以下，导致大家都从银行贷款出来去投资股市……”

“原来是低利率效应，使得市场中的流动性过度膨胀了呀。可是现在美国的利率已经涨到了5.25%，全球其他国家的利率也在上涨，为什么流动性过剩的状态一直持续呢？”

所有经济现象的背后都是利益驱动

“2004年以后，市场利率开始上涨，现在的情况不是低利率，而是高利率。但是流动性依然在增加，这是为什么呢？答案很简单，就是因为日元套息交易。顺便考你一下，你知道日元套息交易是什么吧?."

“嗯，套息交易就是借低息国家的货币，再投资到高息国家的货币、债券、股票等资产的投资方式。日元套息交易也就是从日本以低息借入日元资金，再投资到其他高息国家的资产上。以此来获得两国之间的利息差额。例如，以1%的利率，从日本借来日元，再投资到收益率5%的美国国债。这么一来，能保证4%的利差收益。”

“对，就是这样。套息交易的出发点就是为了获得两国之间的利差收益。实际上，日元套息交易的快速发展是从日美两国之间利率出现差异的时候开始的。美国和日本的政策利率之间的利差，到2004年上半年为止只有1%不到。但是从2004年7月份美国加息以后，日美两国之间的利差开始逐步拉大，到了2006年达到了5%。追逐利润的国际投机资金或者是对冲基金，肯定不会放过这种千载难逢的机会，大举进行了日元套息交易。而且那些不满足于日本国内利率的渡边夫人（Mrs.Watanabe，即炒汇的日本太太团）也开始从银行贷款进行海外投资。种种做法都导致日元套息交易迅速扩大。”

“日元套息交易也和低利率一样增加流动性呢。”

“是的。那么我再问你一个问题。日元套息交易扩大以后，日元价值是会上涨呢还是会下跌？”

“是啊……日元套息交易对日元价值产生什么影响，我倒是没考虑过呢……”

“日元套息交易是从日本借款来投资到别的国家吧？日元在

世界市场的供应变多后，日元就变得不那么稀缺了，所以日元的价值就会下跌吧？这个时候，那些为了日元套息交易而借入日元的人们，他们会赢利还是亏损呢？”

“这个嘛……当然是会获利了。比如说，美元兑日元汇率是100日元/美元的时候，在日本借入10000日元，换成100美元投资到美国。等要还债的时候，假设美元兑日元汇率涨到了110日元/美元，那么只消91美元就可以换来10000日元。最后剩下9美元的利润。”

“对，就是这样。日元套息交易扩大以后，日元供给会增加，导致日元价值下跌，最后会给投资者带来利差收益和汇差收益。这么一来，那些在日元套息交易上尝到甜头的人会再次进入市场，进行日元套息交易。而且会有越来越多的人加入到这个行列中来。这又进一步导致日元价值的下跌，又触发日元套息交易增加……日元套息交易和日元下跌就像是互相促进一样。那么，小金你说说，日元套息交易增加后，对日本企业的出口产生什么样的影响呢？”

“日元价值下跌，会提高日本产品的价格竞争力。因此，日本的出口会增加呗？”

“对。最近新闻上总能看到日本的出口连续刷新历史纪录这种消息吧？就是因为日元套息交易的效应。出口扩大导致经济景气回复，外汇涌进日本，使得日本越来越富强。本来，外汇流入日本之后，应该出现日元价值上涨、出口减少的现象。但是，通过日元套息交易流出去的日元远远多于通过出口赚进来的外汇，导致日元价值不涨反跌。日元价值下跌后，又促进出口……日元套息交易引发的汇率下跌导致出口扩大，海外资产持有额持续增高……这种状态对于日本政府来说是最令人高兴的状态。相反，韩国企业在世界市场上经常和日本企业的产品发生竞争，这对韩国企业来说是非常不好过的时期……”

“原来是这样啊。我看日本企业的出口增加，经常收支顺差节节攀升，连续刷新历史最高值，但是日元却不涨反跌，一直很奇怪。原来如此。”

“你看过最近政府要研究海外基金免征税方案的新闻吧？本来韩国的投资者在海外获得的投资收益也要回本国缴税，现在给他们免去这个税赋，促进更多个人投资者去海外投资。也就是说，用出口赚来的外汇，以投资基金的形式，投资到海外的资产，以此来阻止韩元汇率下跌（也就是阻止韩元价值上升）。这就是韩国政府的打算。2006年放松了海外房地产投资管制的政策也是出于同样的依据……”

“最近因为韩元升值，很多韩国国内的出口企业的日子都不好过。所以政府想把韩国国内的资金流到国外去，阻止韩元升值，改善出口条件？”

“是的。”

车子已经驶入了如意岛。虽然是休息日的早晨，但因为很多长跑参赛者来到这里，公路开始有点儿堵了。

一列开往悬崖的加速列车

“不过经济这个东西吧，从来都不是只往一个方向走的。正确地说，它是一种循环往复的过程。既然现在是日元套息交易活跃的时候，那么早晚有一天，日元套息交易会开始收缩起来。从这个意义上来说，把前两天中国股市下跌和日元套息交易的结束联系在一起的观点是很重要的。如果日元套息交易开始收缩，那么在全球市场上，极有可能引起一场大地震。”

“会有什么形式的危机呢？”

“如果说日元套息交易带来了流动性膨胀，那么日元套息交易的收缩就会带来流动性收缩吧。日元套息交易资金不是单纯地想要获得利差收益而投资到高利率国家的国债上的。虽然没有对日元套息交易的详细分析资料，但是大部分专家都认为日元套息交易的资金大体上都流向了房地产、股票、原材料市场。只要能获得贷款利率以上的收益，那么就不挑投资对象了。在韩国也有一个大家都知道的秘密，就是用低利率的日元贷款来投资房地产的做法。你看现在有些房地产的广告商公然张贴了日元低息贷款的广告……不管怎么样，如果日元套息交易的资金投资到了股票、房地产等资产，那么当日元套息交易收缩的时候，这些资产的价格必然会开始下跌。”

“还真是那样呢。但是，真的会像新闻上说的那样，日元套息交易已经开始收缩了吗？”

“这个嘛……现在还不能下定论。现在还是静观其变为妙吧。”

“那么崔哥您认为什么时候才可以确定‘日元套息交易开始收缩’了呢？”

“日元套息交易的收缩应该会有很多不同的版本和形式。首先，如果日本利率上涨或者美日之间利差缩小的话，日元套息交易的魅力下降，导致日元套息交易开始收缩。或者，如果市场上预测股价或房价等资产价格会下跌，那么集中在这些资产上的日元资金开始回流出去，最终导致日元套息交易资金的收缩。有一点我们要注意的是，就像日元套息交易的扩大过程中出现加速现象一样，日元套息交易的收缩过程中也会出现加速现象。”

“加速现象？”

“例如，有一个投资集团，从日本以1%的年利获得贷款，在美国运用其资金获得5%的年收益。这个时候他们的利差收益是4%。假如，不管什么原因，过了一年以后这个投资集团开始回收日元资金。那么这个投资集团首先要出售美元资产来购买日元，对日元的需求就增加了。那么日元的价值会上涨，这样对其他的日元套息交易投资者来说，带来的收益会减少。因为他们将来要买回日元的时候，就要付出更多的美元。如果日元价值在短期内上涨了4%，而且预计将来还会上涨，那么这些套息交易者还有可能蒙受损失。他们获得的4%利差收益瞬间就消失了。所以他们会选择在损失扩大之前处理手中的日元套息交易。这样一来对日元的需求就更多了，日元价值会再上涨一次，这样会诱发日元价值的再一次上涨。也就是说日元价值上涨→日元套息交易收缩→日元价值再一次上涨→日元套息交易收缩……像这样，日元价值上涨和日元套息交易收缩的过程会互相作用，互相加速。不管是出于什么理由，一旦日元套息交易开始收缩，日元价值就会迅速升值，日元套息交易就会加速收缩。也就是说会发生资产价格的急剧下跌。”

“真是很可怕。”

金晓阳听了崔大友的说明后感到一丝丝寒意。他祷告前两天的中国股市暴跌不是日元套息交易的收缩信号和资产价格下跌的号角。好不容易到了去年年末开始房价涨势稍微有了减缓的迹象，只要基金方面再加把劲就能买房子了。

“为了观察日元套息交易是否开始收缩，我们最好持续关注美元兑日元的汇率。如果日元价格急升，那么就有可能是日元套息交易收缩的信号，需要保持足够的警惕。”

“如果日元套息交易开始收缩了，那么还会有哪个国家因此获利吗？要是资金再回到日本的话，日本的股市应该会不错呀。”

“这个啊……好像也不是那么一回事。”

“哦？崔哥您不是一直都重视资金的流向吗？资金集中在什

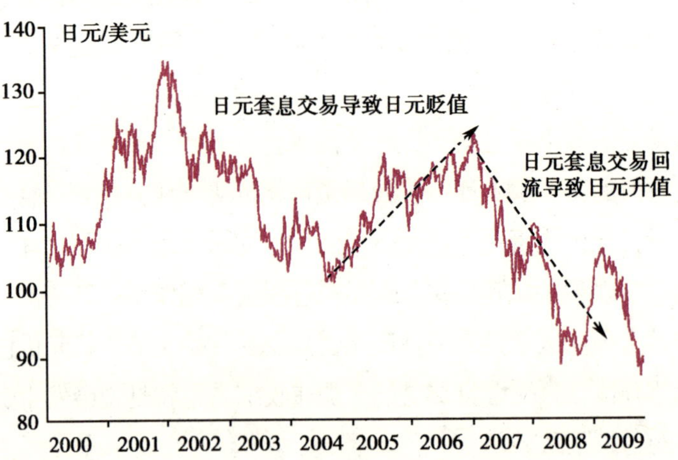

么地方，其价格就上涨，这不是您的理论吗？”

“对啊。不过这一次的情况有点儿不一样。这一次回流到日本的资金是为了还债的资金，而不是为了购买资产的资金。不会出现日元流动性大幅增加导致资产价格上涨的情况。相反，日元套息交易开始收缩后，日元开始升值，日本出口企业的价格竞争力下跌，经营业绩会很难看。这样的话，你说股价是会涨还是会下跌呢？如果说日元套息交易对于日本是好事，那么套息交易的收缩应该是坏事吧。”

“听您这么说也挺有道理的。那么，当套息交易开始收缩的时候韩国会受到什么影响呢？”

“对于韩国来说，短期内应该是坏消息，但从长期来看应该是好消息才对。”

“是吗？”

“韩国也有很多日元套息交易的资金流进来了。虽然具体规模多大还不太清楚，但确实不在少数。如果发生套息交易收缩，那么外国投资者应该会出售股票、债券等资产。那么从短期来看，韩国的股价会出现一轮调整。不过，日元套息交易收缩的时候，日元升值和韩元的相对贬值效应会导致日本商品的价格比韩国商品的价格相对上涨。你也知道在世界市场上，日韩两国企业的产品往往都是竞争性的产品。最近日本企业的业绩刷新历史最高纪录，韩国企业的日子不好过，但到了套息交易收缩的时候，情况会往相反方向发展。日本企业会因为出口条件恶化导致经营业绩下滑，韩国企业会因为日元升值导致出口大幅改善。这么一来，从长期来看，韩国的股价只有上涨的份儿了。也就是说，如果日元套息交易的收缩引发了韩国综指的短期调整，那么也是一个低价抄底的好机会。呵呵。”

“哦，久违的好消息嘛。刚才一直听您说日元套息交易收缩的时候引起资产价格下跌，心里一直很紧张呢。”

汉江周围的停车场都被那些来参加马拉松的参赛者塞满了。金晓阳他们穿上了运动服，背后贴上了号码。看着来来往往准备参赛的人们，金晓阳心里的求胜欲油然而生。今天这一次的目标是坚持1小时50分钟。

股指开始发力，冲到2000点

中国股市暴跌以后，韩国股市虽然出现了短期调整，但很快找回了稳定。股价在3月份没有什么太大的突破，到了4月份就开始放量上涨了。4月1550点，5月1700点，6月1800点，2007年7月25日突破了“梦之2000点”。在1500点到1600点附近着急忙慌地卖掉股票的人们到了这个时候只能是追悔莫及了。1700点到1800点附近卖掉股票的人们，心里也不好受。股市已经完全被投资者们的热情给淹没了。哪儿都刮起了基金旋风。有些证券机构预测的当年最高股指甚至达到了2200点到2300点。

对于金晓阳来说，这段时间很开心。股价上涨越多，离搬家就越近。

不过突破2000点的喜悦也只是暂时的。从第二天开始股指下跌。没过三周，就回到了1600点左右。甚至到了8月16日，股价在一天之内下跌了6.93%。包括韩国在内的大部分国家股指在这段时间都出现了急跌现象。这里，主要原因在于美国。只要美国股市下跌，第二天的报纸肯定会用“次贷危机”这个很陌生的词汇来定义它。对于很多人来说，连“次贷”是什么意思都没搞清楚，更别提“次贷危机”给人带来的恐怖感有多么强烈了。

当泡沫不断变大，危机就会爆发

“崔哥，今年的年假您休完了吗？”

“7月末跟家人一起去了一趟济州岛。”

“真好啊，感觉挺好的吧？”

“嗯，在济州岛玩的时候挺好的。不过一回来就受不了了。一天之内股价变动120点以上……今天一整天都在接客户打来的电话，累死了。”

“我理解您。有点儿炒股经验的人们也说今天的股市乱得无法形容，何况是没有什么经验的客户们……很多人甚至开始担心股市就这样崩溃了呢。”

“小金你是怎么看今后的走势的？”

“这个嘛……我觉得现在下结论还为时过早。现在是市场受到冲击的时候，至少先等到市场心理稳定以后再作判断吧。只从国内角度来看，企业业绩也不错，收支状况也没问题，股价应该会继续上涨……但是这个次贷危机实在是让我很不安。去年3月份，美国的第二大次贷信用公司新世纪金融（New Century

Financial）宣布了收支不抵，6月份贝尔斯登收回了2个对冲基金，前两天BNP银行（法国巴黎银行）的3个ABS（资产担保证券）基金停止赎回……这些现象应该要予以足够的重视吧？”

“是的。而且美元价值一直在下跌，市场上的信用溢价也在一直上涨……金融市场开始出现资金流动性不足的现象。当然，我也觉得应该再关注它一阵才能下判断，不过现在至少可以感觉市场发展的征兆并不是很明朗。”

“我的想法也是一样的。不过崔哥，您觉得美国的这个次贷危机会怎么发展呢？”

“这个嘛……一些金融专家倒是提出了很悲观的预测，也就是这样：住宅市场恶化和加息导致个人还贷压力增加→不良贷款增加→次级贷款公司出现危机→投资到次贷债券的对冲基金出现危机→投资到对冲基金的银行出现危机→中小型金融机构倒闭。不过FRB主席伯南克说了，一定会阻止次贷危机扩散到其他部门去。我们先看看他们怎么做再说吧。”

“我最近看到一个有趣的新闻，它提到了1987年的黑色星期一、1997年亚洲金融危机以及现在的2007年次贷危机……每隔10年出现一次大型金融危机，也就是‘10年周期危机理论’。那么为什么会定期地有这些大型金融危机发生呢？”

“任何一种经济发展都不会只往一个方向发展，也就是说有了上涨（扩张）必然会有下跌（萎缩）。当人们错误地相信经济会一直好下去的时候，泡沫就会产生并吹大。当泡沫吹到无法再吹大的时候，就会爆炸，危机就爆发了。

“实际上，当某种经济现象持续一段时间以后，人们会把它当成是理所当然的事情，以为那种状况会一直持续下去，并错误地去相信它。投资名言里面也有一句话叫‘股价上涨的时候人们相信它会一直涨上去，股价下跌的时候人们相信它会一直跌下去’，对吧？

“这一次的次贷危机也是一样的。人们一直以为美国的住宅价格会一直涨上去，但住宅价格突然开始下跌就导致了这次危机。2000年以后，全球性的低利率时代让人们能用少量的利息负担去借入大笔的贷款。人们用这些贷款投资到了住宅，住宅需求就相应地增加，住宅价格开始上涨。住宅价格上涨又回过头来促进了住宅投资，用贷款买房的人们越来越多。这么一来，住宅价格又开始上涨……这个时候人们开始错误地相信‘住宅价格会一直涨上去，所以即使从银行贷款来买房也能赚钱’这种理论。然后，银行开始给那些信用级别不够的人提供了全额贷款来购买住宅，住宅担保市场也空前地膨胀了。

“但是，住宅价格绝不可能一直涨上去，这种上升通道必然会迎来转折的那一天。因为住宅价格上涨会导致住宅需求下降，价格上涨会到达它的上限。过高的利息负担会让住宅持有人卖掉他的住宅来还债。这会导致住宅价格下跌。那么，以投资为目的购买住宅的人们开始出售他们的房子，那么房价会进一步下跌。这个时候被金融机构收回去的房子也会流进住宅拍卖市场，进一步拉下房价。到了这一步，房价下跌的恶性循环就开始了。”

“人就是因为贪婪才会招致厄运吧。说白了，这次的次贷危机之前，人们都想用别人的钱来赚钱……但是世界上哪有免费的午餐呀。这种赚钱方式肯定不会长久的……我一直以为发达国家的人们会很理性地思考，现在看来好像也未必是那么回事。”

“人不都是一样的嘛。当经济发展向一个方向走的时候，一定要小心。投资势力一旦开始大规模地加进来后，就会出现市场过热现象，然后会引发严重的后遗症。次贷危机也应该是差不多的吧。想用别人的钱来赚钱的投机者，导致了住宅价格过度上涨。现在只是它的后遗症而已。韩国的房地产市场也是一样的。房地产价格好几年都涨个不停，人们开始用贷款买房子。什么江南区不败神话呀，什么房地产不败神话等等这些谣言，有朝一日肯定会破灭的。价格上涨到极限，价格开始下跌的话，用贷款买房子的人会第一个把房子卖出来。从那个时候开始房价就要下跌了。”

“不管怎么样，我希望这个次贷危机早日结束。我们无法控制的外部因素导致股市反复涨跌，实在是很难应对呢。”

“你就当它是投资生涯中的某个过程吧。人在投资界，时好时坏是正常现象。股价不会一直上涨吧。对了，你的买房计划怎么样了？”“现在还没有下最终决定，一直发愁呢。不过我感觉在不远的将来会赎回我们家买的基金。虽然我感觉从今以后股市远比房地产市场有魅力，但我也不敢太贪婪，要不然万一买不成房子就得哭了……”

金晓阳依然对股市有着迷恋之情。

“不错，这个决定很好。对你来说是一个艰难的决定吧？”

“孩子们长大了，总跟我说要搬家。我也想把自己对妻子欠下的那部分债还清，找回轻松的心情。”金晓阳说到这里，加重了语气，像是和自己做一个约定一样。

“是啊是啊，想得很好。房子开始找了吗？”

“没有呢，我想先把基金赎出来以后再慢慢看。首先从那些着急卖的房子入手。要是现在先签好了购房合同，就不管股价下跌还是上涨都要赎回基金来付清房款，感觉很危险。而且我觉得房价还会再跌一阵。我们家是两个人都在工作，先去亲戚家住一段，至少能在白天给我们看孩子。”

“哦，是吗？你要是搬走了我还挺舍不得你的呢。要是能住在近处，有空一起聚一聚就好了。家里人和孩子们也会舍不得你们的。”

幸亏，从那之后股价一直在上涨。到了10月份，重新回到了2000点，刷新了上次的纪录。股价上来以后，金晓阳倒是没法轻松地清仓了。“再来一点儿，再来一点儿”这样的贪欲让金晓阳舍不得卖出现在持有的资产。

手快有手慢无，速度决定一切

2008年，从年初开始金融市场就很混乱，几乎让人找不着头绪。股价从新年第一天开始下跌，1月份就已经跌了14.4%，2007年年末暴涨的利率也在一个月内从5.74%跌到了5.04%。外汇市场因为日元套息交易收缩，日元价值在短期内暴涨。日元兑韩元汇率从838.40韩元/100日元，在一个月内涨到了886.16韩元/100日元，涨了5.7%。金融市场的这种高变动率给市场投资者带来了前所未有的不安。金晓阳无法理解大幅变动的金融市场，就去向崔大友讨教了一番。

“崔哥，我看最近利率和汇率在短期内反复涨跌，不知道为什么会发生这种情况。我一直认为利率是根据实物经济情况和资金的供需关系来决定的，次贷危机使得美国经济有萧条的风险，但是对韩国经济产生的影响好像不是那么严重，企业的投资资金需求和资金供给在一个月内不会发生这么大变动吧？我们应该怎么理解最近的利率涨跌现象呢？”

“要理解金融市场在短期内大幅变动的现象，首先要考虑‘速度’的问题。思考经济问题的时候一定要考虑到这个速度差异。”

“速度差异？”

金晓阳不知道崔大友在说些什么，一直说着经济问题，突然蹦出来一个“速度”，什么速度？

“速度可以分为‘进行速度’和‘反应速度’。首先来说说‘进行速度’的重要性。例如油价从100美元上涨到1年以后的300美元，那么它产生的影响堪比石油危机吧？相反，如果油价花了30年才上涨到300美元会怎么样呢？企业和个人能获得很多时间，来慢慢地适应油价上涨，而且国民收入也会在这段时间内有不小的提高，因此油价上涨不会产生重大的影响。同样的油价上涨，但是它的进行速度不一样，导致它对经济产生的影响大不相同。在新闻或电视上看专家们预测油价的时候，你不能只看‘涨到多少价位’，还要看‘到什么时候为止’这个问题。也就是说，你要考虑好它的上涨速度。现在新闻报道上总是为了吸引人们的眼球，先把‘涨到多少’写得很大很亮，但是你不能被这些表面现象给迷惑住。如果没有提到时间，只说到目标价位，那么这种预测值完全没有意义。过了50年以后，过了100年以后到了目标价位，跟现在的投资没有半毛钱关系吧？”

金晓阳这才理解了崔大友的话。

“下面来看看‘反应速度’。我们在理解金融市场和实物市场之间的差异时，要考虑‘反应速度’。这也是很重要的概念。比起实物市场来说，金融市场的反应速度是很快的。金融商品有股票、债券、外汇等商品，这些商品的买卖相对来说非常简单和便利。因此对经济状况的变化，金融市场会瞬间作出反应。甚至因为金融市场反应速度快于实物市场，在实物市场上出现变化前，金融市场就开始有变化了。这种情况很多。比如说，现在有一个预测报告说经济会萧条。但是投资者们不会轻易地买卖房地产。因为房地产的买卖费用较大，卖掉以后想再买进来就没那么容易了。一般来说，等到经济景气确实不好，房地产价格明显下降以后才会卖掉。相反，股市就不一样了吧？任何时候都能买进来，所以大家都很容易地卖掉股票。就像这样，金融市场并不是在等待‘变化的结果’。”

“听了崔哥的话，我想起一句名言：‘听谣传买股票，听新闻卖股票’。”

“对。小金说的这个名言就是一个很好的例子。它说明了金融市场预先反映市场的好消息和坏消息。不管怎么样，金融市场是一个反应非常快的市场，它对投资者们的心理预期或是预测的反应非常敏感，比‘实际变化’敏感得多。而且，人们的心理本来就很不稳定且容易夸张，因此金融市场往往会比实物市场的反应更为激烈。因为人们会错误地认为上涨或下跌会一直持续下去。股价和汇率、利率等价格在短期内反复涨跌的原因就在于此。”

“如果像崔哥说的那样，那么金融市场的过剩反应是因为金融市场和实物市场之间的反应速度上存在差异而发生的问题。市场上发生某种变化，那么金融市场会先发生变化，然后才会有实物市场的变化。是这样的吧？”

“对，就是这样。甚至还有人们的心理影响实物经济的现象。实际上经济状况并没有那么差，但是所有人都认为经济状况会变差，那么实际上经济状况就会变差。相反，虽然经济状况不好，但是人们对经济状况好转的期望非常大，那么经济状况会变好。去年以后，利率反复涨跌的现象也是一样的原理。实物经济没有发生太大变化，就是因为金融市场参与者的心理偏向和过敏反应造成了这种大幅变动。”

“那么投资的时候应该更重视哪一个呢？我们投资金融资产，那么理所应当地以金融市场为中心来判断吧？”

“这个应该是根据投资者的投资期限而出现不同吧。如果是短期投资者的话，应该更注重短期性金融市场的影响，而不是长期性的实物市场。如果是长期投资者的话，那么更应该注重长期性的实物市场，而不是短期性金融市场变动。比如说，现在出来了一个预测报告，说将来美元韩元汇率会上涨。那么短期投资者应该考虑外国投资者的行动，外国人会在汇率上涨以前收回投资收益。那么这个时候短期投资者应该采取的方法就是，赶在外国人卖掉股票之前提前清仓。反过来，如果是长期投资者的话，应该考虑汇率上涨带来出口增加和企业收益增加，也就是说实物经济会变好。当然汇率上涨不是单纯地只产生上面两个影响，举例来说就是这个意思罢了。”

听了崔大友的说明后，金晓阳才理解了最近金融市场暴涨暴跌的现象。次贷危机对市场心理产生的恶性影响照这么继续下去的话，往后金融市场还要折腾一番了。

要风险管理，不要盲目追求收益率

2008年2月发表的1月经济先行指数（前年同月比）明确地显示了市场已经进入了下降通道。去年12月的经济先行指数也比上个月跌了一些，但是没有那么明显。所以金晓阳决定再观望一个月。最后还是判断经济会进入萎缩的阶段。金晓阳后悔自己没在2000点的时候赎回基金。到了这个地步，金晓阳决定按照自己的投资原则，先整理好基金。不过，这一段时间正好股价急跌到了1600点附近，他准备先等两天，等股价反弹以后再卖掉。

2008年4月的某一天，金晓阳和崔大友约好在某一个地铁换乘站见面，一起回家。一直以来，他们俩都有这样的习惯。一个月大概有个一两回吧，两个人在不影响对方安排的前提下，一起讨论经济和市场的问题。

正是4月份日夜温差比较大的时候，白天热得像夏天一样，晚上却又仿佛回到了初冬。金晓阳在车站等车，买了一份经济类报纸，就从头条开始浏览起来。头条新闻都看得差不多的时候，广播上说地铁马上就要进站了。和崔大友约好的地方还要过5站，金晓阳决定先读一读几条自己感兴趣的经济新闻。

几条新闻几乎都写到了令人不安的消息。从次贷危机开始的美国金融危机正在迅速扩大。上个月，贝尔斯登被JP摩根（约翰·皮尔蓬·摩根）收购，美国政府出台了流动性供给法案。虽然看上去是躲过了最坏的局面，但持续恶化的房地产市场依然是世界经济最大的不稳定因素。而且国际油价的动向很值得注意。年初达到100美元的油价稍微调整过后再一次进入上涨通道，现在已经超过了110美元，正迈向120美元的关口。一些金融机构还发布了今年内将达到200美元的悲观预测。

韩国国内的股价在3月份跌到了1530点以后，现在反弹到了1700点左右。

"崔哥，我看最近油价上涨很猛呀。市场的意见好像是分成两派。一种观点认为，供求不均衡的状况无法在短期内改善，所以将来的价格只能继续上涨；还有一种观点认为，现在的上涨是因为投机势力介入进行炒作，是一种非正常的上涨，现在的价格是泡沫。"

"呵呵。我倒是想听听小金的想法。"

"我不否认有供求不平衡的因素在里面。但是我觉得投机势力炒作的因素更多一些。"

"根据是？"

"如果果真是因为供求不平衡，那么油价和美元汇率没有关系，会一直上涨。但是现在看来美元汇率和油价几乎呈现出相反方向的变化。美元升值，油价下跌，美元贬值，油价上涨……这个就说明有很多投机势力往返于金融市场和实物市场之间。”

“我也是这么想的。要我加一句的话，投机势力主导的金融市场出现了过度反应，也就是过热。石油是实物形态的商品，但是在金融市场上还以‘期货’的形式进行交易。尤其具代表性的是西部德克萨斯产重质油的期货交易，比实物交易还要重要。期货的特点是更关注对未来的预测和忧虑，而不是现在的供需关系。例如，现在还没有浮出水面的产油国政治问题、石油设施损坏、台风等等问题都引起‘担忧’和‘不安’，而这些担忧和不安会反映到将来的价值上。尤其是在最近，有很多没有实际发生的事件，虽然它对实际经济的影响很小，但是就凭它是新的不安因素，就能掀起市场的不安心理。每到这个时候，市场就会过度反应。还有市场的反应都归结到价格上升。如果对未来的担忧，使得市场价格上涨了10%，那么等这个担忧或不安因素消除的时候，价格应该会回到以前的水平才对吧？但是价格却下不去。现在的国际油价这个东西，易涨难跌，阶段性上涨。这就是反映了投资者和市场的心理预期，认为国际油价会上涨。”

“但是……如果现在是油价泡沫，那么什么时候会开始下跌呢？像高盛这样的机构还预测今年以内油价会突破200美元……要是最近这种气氛一直持续的话，还真有可能到200美元呢。”

“到了过热阶段以后，主要是由投机势力和非理性的心理来支配市场价格的。在这个阶段预测顶点，是不是有点儿无意义？油价涨到120美元后再下跌也好，涨到150美元后再下跌也好，涨到200美元也好，不管怎么样，油价会根据市场不安心理的强度、产油国和石油进口国政府的政策而发生变化。不过至少有一点可以确定的是，过度的油价上涨是产油国都不愿看到的。只有投机势力才愿意看到油价无边无际地上涨。”

“从产油国的立场来看，石油卖得越贵不是越好吗？”

“不一定是那样的。世界经济能够承受得住的价格上涨是对产油国有利的。但是油价过度上涨导致需求冲击（Demand Shock），问题就不一样了。如果油价上涨导致世界经济萎缩，无法消费高价石油的个人消费者抛弃或减少石油消费的话，石油的销售量就会下降。从产油国立场上来看，也是某种损失吧。再说这种需求冲击过后，转到供过于求的局面，油价会暴跌的。”

“崔哥的意思是，油价在某个水平上停止上涨，形成一个均衡价格？”

“这是肯定的吧。经济绝不会只往一个方向发展的嘛。”

“那我们现在应该怎么应对呢？”

“既然我们认为现在的石油价格高于适当水平，那么现在就不应该投资石油或原材料相关的商品。现在抑制不住自己的贪欲，贸然进入市场，很容易被套在里面。上涨的时候那么快，下跌的时候也很有可能很快。那些已经在投资石油相关产品的人，现在正是应该考虑卖出的时候。不过这些人会想着最大限度地享受价格过热带来的收益，所以会分批出售自己的资产吧。”

“还有一点不明白。一般来说，经济不好的时候利率下降，物价上涨后利率也会上涨吧？那么像最近这样经济状况不好的时候却因为油价上涨物价也跟着涨，这个时候应该怎么预测呢？从理论上来看，适度利率是增长率和通胀率之和。那么，增长率下跌的幅度（-）和物价上涨幅度（+）的大小会影响适度利率吧？

经济收缩效果更大的话，利率就会下跌，物价上涨效果越大，利率就越要上涨？”

“基本上小金的看法是正确的。但是你还要考虑政府的政策，是吧？我们看政府是把焦点对准在经济增长呢还是物价上涨，这会直接影响政府的利率政策，市场利率也会跟着受到影响。经济专家们考虑到油价上涨带来的物价上涨幅度远远超过了能接受的范围，市场中的涨价不安心理在迅速扩大，因此即使现在经济增长率在下降，但是利率上涨的可能性也会更大一些。因为政府为了抑制物价上涨，只能加息。不过，一旦经济情况变差，政府很有可能立刻进入减息阶段。”

“那么今年应该是不太好过了。本来经济状况就不好，还要加息……”

“对。今年到明年年初为止是经济衰退期，而且物价和利率都在上涨，国民生活会比较难过一些。”

地铁已经从地下轨道驶出来了，马上就要到地面轨道了。

“3月份还觉得贝尔斯登的事情解决得不错，股市能恢复一下。崔哥您是怎么看的？”

“最近次贷危机的不安心理改善了不少，但还是有很多不稳定因素。不是说真正的危机还没有开始吗？而且到了今年以后，国内的经济先行指数已经进入下降通道，那么应该先卖掉手中的股票，静观其变等待机会吧？现在更重要的是风险管理，而不是追求收益率。”

“是啊。”

那天晚上，金晓阳又一次陷入了苦思。2000点的时候都没有

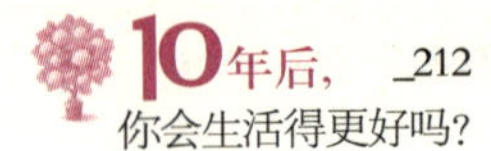

卖掉，现在到1700点就要卖，这不是吃大亏了吗？

实际上金晓阳也知道结论是什么。投资原则一定要守住。

资金三年翻三番不是梦想

2008年5月，股价超过1850点，金晓阳终于下定决心，赎回了基金。不过手中的股票先留着，打算再看一看。几天后，存折上汇进来的金额是3亿韩元左右（稍差一点儿）。2004年投资了7000万韩元后，4年没到的时间内收益了2.1亿韩元。如果当时放在定期存款的话，本金和利息加在一起都不会超过9000万韩元。幸亏在基金里运作了一番，现在已经翻了3倍。一瞬间的选择造成了这么大的差异。过去4年之间运作的定投基金也从5000万韩元的本金涨到了8000万韩元。现在要是把租房保证金拿出来再贷一点儿款，就可以马上买一个30坪的房子了。

金晓阳把资金放在MMF（货币市场基金），开始到处看房子了。崔大友以前告诉过金晓阳，房子要女人挑才好，男人挑房子肯定挑不好。金晓阳决定遵照崔大友的建议，把挑房子的事情全权交给妻子来决定。男人在挑房子的时候往往只考虑上下班方便的交通条件，女人在挑房子的时候会把教育、购物、文化生活、公园、交通等各种因素综合考虑进去。崔大友的话确实很有道理。

金晓阳在从姐夫家步行10分钟路的范围内，看了几个住宅区，找了几个满意的小区，跟附近的房产中介打了招呼，如果有着急出售的房子就通知一声。金晓阳跟中介机构说了：手续费绝不会亏待你们的，所有好房子请一定要先通知我。但是房产中介的反应却很淡然。金晓阳说的价格比当时的房价水平低了10%左右，而且还坚持要南向房子，房产中介都觉得这种房子不可能卖低价。

不过金晓阳却没有提价的打算。虽然房价在2007年跌过一阵，又在2008年开始恢复了一点儿，但金晓阳坚信房价会再次进入下跌阶段。就像次贷危机导致了美国房产泡沫破灭一样，韩国的房价泡沫也会破灭。因此金晓阳并不着急买房子。

在金融危机中，做一个受益者

2008年9月15日，为期三天的中秋节休假结束了。那天晚上，金晓阳在新闻上看到美国最大的生命保险公司AIG从美国政府拿到了850亿美元的救济金，美国第四大投资银行雷曼兄弟公司申请了破产保护。美国政府拒绝对雷曼提供救济，导致雷曼处于破产边缘。市场一直以为美国政府会像3月份一样，理所当然地救济投资银行。不过美国政府这一次的行动给市场造成了巨大的冲击。

美国的大型投资银行破产，使得世界上的所有银行之间都互相不信任。这又导致了世界金融体系丧失了其金融职能，资金的流动出现了停止。资金流动一旦停止，那些缺乏流动性的金融机构和企业立刻处于危险之中。雷曼倒闭2周以后，市场已经进入了事实上的恐慌状态。全球股市全面暴跌，发展中国家的外汇危机论开始在市场蔓延。韩国也不例外。韩国综指在一个月内从1500点急跌到了900点附近，下跌了几乎40%左右。汇率在外汇危机论的推动下，从1150韩元上涨到1500韩元，上涨了几乎30%左右。所有人都无语了。

金晓阳很后悔当初没有把股票也处理掉。卖掉股票的钱是用来装修新房子和买新家电的。全都是因为自己太贪婪了，忘记了投资原则。如果5月份的时候处理掉这些股票，那么还能收回2500万韩元，现在只能卖1500万韩元了。这10年投资生涯中，败得这么惨还是很少的。从IT泡沫以后是第一次吧。

金晓阳很想给崔大友打电话商量对策，不过想了想觉得崔大友面对这个状况也是束手无策的吧。连美国FRB主席伯南克都没有预想到，美国的大型投资银行也没有躲过去。这样的危机，谁还能想得到呢？而且，崔大友的工作还是管理客户的资金，现在应该是正被客户抱怨和抗议呢。

金晓阳觉得自己应该给崔大友打个电话慰问慰问，便拿出了手机。

崔大友的声音听起来很淡然，这让金晓阳感到很意外。而且，不像大多数人对市场的绝望态度，崔大友貌似正在找一个新的机会。甚至，崔大友还慰问金晓阳，问金晓阳是不是因为这次股灾很郁闷。

“小金，如果你不是立刻要卖股票，现在这个情况对你是没有多大意义的。收益和损失不会变成现实，现在只不过是账面损失而已。我知道你现在应该很难过，不过更重要的是当你在两三年以后，或者在10年以后卖掉股票的时候，那个时候的价格是多少才是重要的。是不是？”

“是啊。”

“还有，要是你相信这一次的危机能应付过去，那么现在不是要出售，而是要考虑买进才对。现在股价多便宜呀，几乎是白菜价。跟一年前比起来，简直便宜了一半。”

“嗯。我看美国的黑色星期一也是一样的。1987年10月19日，美国股价在一天内暴跌了22.6%，第二天美国各大报纸的头条刊登了‘Crash（崩溃）’。但是实际上股市没有崩溃，而是从第二年开始再一次进入了上涨通道。10年以后达到了10000点，几乎是涨了5倍以上。”

“是啊，就是这样的。面对最近这样的股市，就得有这种信心……不过应该是很难吧。人的心理很容易受到外部的影响。”

“一般的铁石心肠还真不够呢。”

“是啊。不过这一次的事件对小金来说更是好事吧？”

“好事？”

“你赎回基金的资金都在MMF吧？”

“是啊。”

“你看，小金你提前赎回基金，持有了现金。这一点本身就是你赚了，赚了你可能损失的那一部分吧。而且现在房地产市场处于冰点了吧？着急卖的房子都卖不出去。现在你正好有机会低价买进房子了……”

“是的，崔哥。实际上最近有好几个电话打来，给我介绍这种急卖房产。比以前我说的价格还便宜了不少呢。不过我看现在房价下跌是很明显的了，就不需要那么着急了吧？”

“那是当然。尽可能要买得便宜一点儿。这么看来，小金在股市蒙受的损失还远没有你在房价上节省的钱多呢。”

“这么看来我不是这次金融危机的受害者，而是获益者了。呵呵！”

10月份一整月，韩国都因为短期外汇供给不足而经历着痛苦。市场上还出现韩国国家破产论。韩国政府的说明、解释，在市场上基本不起任何作用。大家都只看到不好的一面，只愿意听负面新闻，正面信息被淹没在负面信息的汪洋大海之中。幸亏10月末的时候，韩国银行和美国FRB签订了300亿美元的货币互换协议，这才稳定住了状况。

感觉经济差到不能再差，其实不一定是真实的

进入2009年以后，金融危机的状况没有根本性的改善。这个时候又到了经济衰退期，韩国经济已经伸手不见五指了。金融体系无法正常运作，资金无法流动起来，导致实物经济也受到了影响。金融危机的当事人——金融机构和主要的企业集团都把2009年的口头禅定为“生存”。尤其是全球同步衰退的窘境对韩国这个靠出口生存的国家来说是一个莫大的危机。要是找不到其他突破口，韩国的状况可能比发达国家更为严峻。市场也担心着这一

点，韩国的外汇危机论再一次开始膨胀起来。用货币交换协议暂时压下来的汇率也开始再一次慢慢抬起头来了。人们感受到的体验景气，已经到了不能再差的地步了。实物经济很差、持有的资产价值下跌、对未来的不安，种种因素加剧了人们的不安心理。

2009年2月，金晓阳和崔大友在公园慢跑。他们两个每年都参加三一节纪念马拉松大赛，今年当然也准备参加。这段时间内，他们已经跑了6次全程赛道。

早上简单地跑过10公里后，做了简单的放松体操，在地上坐下了。

“最近怎么样啊？客户们好点儿了吗？”

“还没……现在还是负面消息更多一些，他们也没有办法。”

“最近这段时间还真是很难听到好消息呢。去年4季度的经济增长率是-3.4%，而且很多机构预测这个季度的经济增长率会更差。还有一些专家预测什么二次危机，说经济状况好转一点儿后会再一次探底……外汇危机论也很猖獗。前两天还稍微好点儿，这两天汇率一过1400点，就又开始说起来了……你说现在这个状况下，还有谁能保持淡定的心？”

“是啊。”

“我决定把股票这个事忘掉一段时间。照这样担心下去，我早晚会神经衰弱。”

“有那么严重吗？”

“经济衰退抑郁症吧。我还担心照这么下去，公司又陷入危机，出现公司重组呢……不管怎么样，我们实际感觉到的体验景气实在是差得要命……”

“是的，实际上经济状况确实不好……不过我说呀，股市还真有可能会上涨呢。”

“现在经济状况差成这样您还说股市不错，是因为股价先行与经济变动的原理吗？不过经济衰退要是比预想中更长的话，股价探底的时间是不是要往后推一段时间呢？我觉得您哪，好像是想得太乐观了。”

金晓阳小心翼翼地抬头看了看崔大友，发现崔大友的脸上一半是期待一半是喜悦。

“小金你要记住体验景气和理财景气是不一样的。体验景气好了不一定股市就会好。体验景气不好的时候股市不一定是要下跌的。”

“这又是什么意思呢？理财景气又是什么呢？”

“一般来说，经济指标分成指标景气和体验景气。指标景气主要是指政府发布的、用统计数据来表示的景气指数。体验景气是一般居民实际感受到的经济景气。体验景气只是由国内需求来决定的，而指标景气包含了内需和出口的因素。所以这两者之间经常发生隔阂。即使内需很不好，但是出口很不错，那么这个时候，体验经济会很差，指标景气会很好。不管怎么样，体验景气和指标景气都是我国的所有经济主体，也就是政府和所有的企业、所有的个人、海外部门的所有经济活动的产物。刚才我说的理财景气是我们投资的对象，也就是股市上市的优良企业的景气。这些企业代表韩国的优良企业，只要你听到这些企业的名字就知道它们是干什么的。其中大部分企业的销售额中出口所占的比重都超过70%到80%。这些企业感觉到的景气和我们感觉到的体验景气会一样吗？对于这些企业来说，更重要的是海外市场和汇率，而不是我们感觉到的体验景气。”

“听了您的说明后好像明白了一点儿。我们所说的体验景气是指‘内需’，但是理财景气可以说是‘内需+出口’吧？从这个侧面上来说我们感觉到的体验景气和理财景气有可能不同。”

“我们考虑一下汇率上涨的情况。如果汇率上涨的话，进口商品的价格上涨，物价就会上涨，个人消费者感觉到的体验景气会很差吧？但是我们投资的出口企业会怎么样呢？因为汇率上升，所以它们的出口商品有了价格竞争力，出口会呈现出盛况，企业业绩也会变好。这么一来理财景气不是会变好吗？”

金晓阳默默地思考了崔大友的话。非常有道理。

“实际上很多投资者都不区分体验景气和理财景气，这是一个很大的失误。投资者不能用他感觉到的或从新闻上看到的体验景气来作出投资决策。重要的是投资对象企业所处的景气环境，而不是投资者立场上所感觉到的景气。个人投资者经常失败的理由就在这里。”

“这么一来，以前经济状况不好的时候股价还在上涨，我还不知道怎么回事呢？我一直没想过体验景气和理财景气之间有什么不一样。”

“2004年度的时候我预测韩国的股价会突破1000点，进入大盘上涨的通道。那个时候人们都说因为经济景气不好所以股价不可能涨上去。那时候有人还对我说：‘IMF危机以后最艰难的时候，你怎么会觉得股价会上涨？’实际上在那个时候，个人消费负增长，很多自营业者都关门歇业；租房子的房东们没有按时拿到房租；创业的人都在亏损；只有房地产价格在上涨，赚一点儿钱而已。不过后来怎么样了？大家都抱怨经济状况不好，但是股价一直在上涨。

“是因为什么呢？就是因为体验景气和理财景气之间的差异。国内经济状况不好的时候，我们投资的出口企业实现了惊人的成长，这些因素推动了股指上涨，以至于到现在的水平。实际上我们国家的出口业绩在过去6年间连续以2位数的速度增长。考虑到我们国家的经济增长率不到4%，是不是可以说是惊人的成长呢？这么一来这些企业的股价肯定会上涨吧？想要投资成功，就一定要分清楚感官感觉到的体验景气和用来赚钱的理财景气。”

汇率涨一涨，江山摇一摇

“今年有什么特别的理由会让理财景气变好吗？像现在这样世界经济同时衰退的话，我们国家的出口好像也好不到哪里去呀。”

“我们国家的出口是好是差，只要看看影响出口的各个因素就可以了。对出口影响最大的因素都有什么呢？”

“刚才崔哥说到了，是海外市场的景气和汇率。是这样吗？”

“你也知道，现在海外经济状况不太好。大部分专家都预测：至少到今年下半年以后，全球经济才能摆脱衰退。尤其发达国家的经济状况会很不好。不过幸运的是，新兴国家的市场正在快速崛起。”

“这还真是一点儿福音呢。我倒是知道我们国家的出口结构已经比较多样化，出口地区不仅有美国、欧盟、日本等发达国家，还有中国、亚洲、中东、中南美等全世界各个国家和地区。很多人以为我们向发达国家的出口占绝大多数，但是实际上出口到发达国家的只有全部出口额的40%左右。倒是出口到新兴市场国家的占了60%左右，远远高于发达国家的那一部分。尤其是中国和其他亚洲国家，是韩国的重要出口目标。”

“你说得很对。现在看来，我得拜你为师了，呵呵。”

“其实是我前两天好好看了一则在报纸上刊登的新闻啦。实际上我以前也以为‘美国打个喷嚏，韩国就得肺炎’。”

“嗯。我们虽然不能否定美国的影响力，但是不能过度强调它的影响。不管怎么样，世界经济在今后一段时间内会继续衰退，所以为了争夺有限的市场份额，各国企业会开展激烈的竞争。”

“我觉得现在韩国企业的实力比以前强了很多，在国际市场上还能拼搏一下。造船、内存、半导体、LCD等好几种产业在世界上都能排在首位吧？”

“是啊，韩国企业的技术水平已经达到了能和发达国家企业比肩的程度。不过话又说回来，虽然在出口竞争中产品的品质或是技术很重要，但是在像现在这样的经济衰退期，价格竞争力更重要。经济衰退、消费减少、市场萎缩的情况下，各个企业之间争夺市场份额的竞争会白热化，这个时候因为经济衰退和物价上涨而感到压力的消费者们最注重商品的市场价格。我们不也是一样的吗？经济扩大、消费余额多的时候想买一些品质好的商品，贵一点儿没关系。但是到了经济状况不好的时候，钱包比脸还干净的时候，还是更倾向于寻找便宜的商品。那么出口品的价格竞争力是由什么来决定的呢？"

"那当然是汇率了吧？当然品质和生产费用也很重要，但是这些东西不能在短时间内改变。不过话又说回来了，现在的汇率水平会对今年的股市产生影响吗？我在新闻上看到的报道可是很担心汇率水平上涨引起的国际收支恶化呢。"

"汇率上涨成为经济负担，这个角度是在汇率上涨造成的出口增加效果低于进口价格上涨的效应时才会正确……换我看来，他们好像过低评价了汇率上涨带来的出口增加效果。实际上去年金融危机以后，世界经济开始衰退，很多人都担忧企业业绩恶化吧？但是结果怎么样？大部分出口企业实现了超乎想象的好成绩吧？这就是汇率的力量。你也知道去年秋天以后，韩元兑美元汇率上涨了20%以上。而且中国、日本、欧盟等主要出口竞争国家的货币对美元升值，而我们这边的韩元却对美元贬值。"

"这个我倒是知道。但是它的影响有那么大吗？"

"之前也说过了，像现在这样的经济衰退期，消费者的价格弹性会提高，因此汇率这个影响出口价格的因素是很重要的。我们的韩元汇率在上涨，而其他出口竞争国的汇率都在下跌。例如，日元兑美元汇率在去年涨了45%以上，也就是说我们国家的出口价格降了那么多。在国际市场上，中国、日本、欧盟的出口商品价格涨了，而韩国的出口商品价格跌了一半左右。那么你说，你要是消费者的话你会买哪一个？”

“听起来还真是那么回事呢。不过也不能因为这些就判断我们国家的股市会上涨吧？世界经济状况还那么不好呢。再说汇率上涨10%，企业出口增加10%，能影响现在的股价吗？也就是减缓股价的下跌速度而已呗。”

“你好像不太明白汇率的影响力，我给你举个例子说明一下。我们假设，韩国的汽车公司在韩国国内卖小型车的价格是1000万韩元，这其中，生产和销售费用占了900万韩元，利润是100万韩元。当韩元汇率是1000韩元/美元的时候，出口到美国的价格是1万美元一辆车。那么汇率上涨10%，也就是到了1100韩元/美元，那么一辆车的销售额是1100万韩元，是吧？这个时候汽车公司的收益会变成什么样呢？韩元汇率在1000韩元/美元的时候，每辆车的销售利润是100万韩元；汇率上涨到1100韩元/美元的时候，每辆车的销售利润是200万韩元（1100万韩元-900万韩元=200万韩元），也就是涨了一倍。销售额只增加了10%，但是利润增加了100%。其他什么也没变，只是汇率上涨了10%就能让这家汽车公司的利润翻倍。当然刚才为了举例说明，所以把汇率上涨引起的出口费用增加和原材料进口价格上涨等因素都给剔除了。不管怎么样，你应该能明白汇率上涨的影响力了吧。”

“哦，还真是这样。销售额增加了10%，但是利润增加了一倍。”

“然后我们回到股价。我们在评判一家公司的股票时，最重要的就是看这家公司的利润水平。那么当利润增加一倍的时候，股价是不是也能上升相应的幅度呢？”

“是啊。但是考虑到最近的汇率上涨是因为金融危机的冲击引起的，那么我们是不是可以认为汇率早晚要回到原来的水平呢？汇率上涨导致的利润是不是难以长久呢？”

“是吗？真的会是那样的吗？我们还有一点要注意，那就是现在经济形势非常严峻。连那些世界头号企业也把‘生存’作为口头禅。实际上，那些不具备价格竞争力的企业，有很大一部分会消失掉的。”

“现在的状况有那么严重吗？”

“现在是‘销售即生存’这么一个状况。经济在正常的时候，即使销售额下降了一点儿，也能通过外部的借款来渡过难关。但现在是金融危机，金融机构的贷款几乎是停滞的。不能从外部借来资金，那么只有通过销售产品来获得资金了。如果做不到这一点就会顶不住压力而破产。”

“真是恐怖呀……”

生存下来就是胜利

金晓阳想起了三年前韩国电子公司倒闭时的情景，那个时候失业在家三个月实在是太难熬了，现在想来也让人心寒。

“这就是现实。最近，大型投资银行和主要的企业着急忙慌地搞企业合并，或者是把龙头部门给卖掉，主要理由就是一个——生存下来。不管怎么样，生存下来之后才有机会东山再起……不管怎么样，要在现在这个状况下生存下来，只能通过销售产品，而要销售更多的产品就需要具备价格竞争力。也就是说，在全球市场上进行价格竞争的时候，汇率是绝对性的武器。”

“您的意思就是说，从这一个层面上来讲，我们国家的企业正在从汇率上涨受到很多恩惠，是吗？”

“是啊。然后那些从这次危机活下来的企业会开一个属于胜利者的大派对。”

“属于胜利者的大派对？”

“在这次危机中，有些企业会被吞并掉，或者直接倒闭，还有一部分企业会生存下来。然后，经济衰退和消费减少不会永远都持续下去的，早晚有一天会再次回到经济增长的轨道上去。那么在这次危机中活下来的企业，就能去占有那些消失的企业原来拥有的市场份额了。也就是说，只要在危机中存活下来，那么就会有大把的市场份额去占领。”

“是啊，这么说来，我前两天还看到一则新闻，说最近我们国家的出口企业的海外市场占有率在稳步攀升。”

“这就是汇率上涨的第二个效果。在短期内提高利润是第一个效果，这个是第二个效果。即，通过淘汰竞争企业来提供长期成长的垫脚石。”

“听了崔哥一席话胜读十年书呀。我们感觉到的体验景气和投资对象企业的理财景气果真是不一样呢。虽然体验景气是最差的时期，但是因为汇率效应，理财景气反而是更好，股价也会跟着上升……”

“不过要注意一点。汇率上涨引发的股价上涨，有一个问题要考虑好，那就是国际收支的问题。汇率上涨虽然会带来经常收支顺差，但是像去年9月至12月一样，外国投资者的大规模抛售股票和美元流出会引发资本收支逆差，最后导致国际收支逆差。这个时候我们很难期待股价上涨。如果说汇率对于企业利润是重要的指标，那么国际收支对于市场流动性和投资需求是非常重要的。国际收支逆差意味着流进我们国家的钱少于从我们国家流到海外的钱，是吧？这就意味着国内流动性的减少。就像过剩流动性带来资产价格的泡沫，那么流动性枯竭会带来资产价格的下跌。虽说不用刻意追求国际收支顺差，但是如果连续出现国际收支的大规模逆差，那么股价就不能真正上涨。”

“也就是说，如果不出现外国投资者的大规模攻击性抛售，那么今年的股价会上涨呗？”

“应该是这样吧，令人期待呢。要不我们再跑一跑？”

崔大友拍拍屁股站起来了。

金晓阳感觉自己心情放松了很多。

到现在为止的直接投资经验告诉了他一个真理——危机其实是机会。当人们恐惧、害怕的时候，机会就在那里。勇者才能得美人。同样，跟别人走不同的路才能获得财富。

32坪的公寓，我们的新家

三个月后，金晓阳终于在房屋买卖合同上签了字。为了寻找最佳时机，等了一阵，结果房价从最低点上涨了10%左右。不过跟2006年年末的高点比起来，几乎便宜了30%左右，也比金晓阳自己预想的价格低了一大截。这么一来，贷款金额也少了不少，减轻了利息负担。

金晓阳购入的公寓是他们一直想要的南向房子，从屋里往外看的时候，有很好的景色。而且以前的房主收拾得很干净，要装修的部分也不多。只不过在22层高层中是第20层这一点令人不太满意，但考虑到阳光明媚，也就没什么怨言了。孩子们很喜欢新房子，看来他们的呼吸道疾病也会好转了。

还有两个月，我们就有新家了。

你不可不知的理财秘密

市场上的钱多了，就会引起对股票、房地产、原材料等资产的需求增加，从而抬高这些资产的价格。因此，市场的流动性状况对投资是很重要的。

日元套息交易把日本企业用出口赚来的资金再流到海外去，为日元价值保持低价作出了贡献。日元贬值让日本企业的出口刷新了历史纪录。韩国政府在2006年缓解了海外房地产投资管制，2007年推行了海外基金收入免税措施。这些措施都是为了让韩国国内的资金流到国外去，降低韩元的价值。

日元套息交易如果收缩，那么会对韩国国内的股价带来一时性的冲击，但是日元升值和韩元相对贬值效果会让韩国企业的出口商品增加价格竞争力。因此，出口会增加，企业业绩会改善。

经济绝不会只往一个方向发展。经济发展中会反复地出现扩张和收缩的循环。因此，当经济只往一个方向发展的时候，尤其是正在发生价格过度上涨的时候，一定要小心其后遗症。

金融市场的反应速度比实物市场更快，且不稳定。影响金融市场的因素中更重要的是投资者对市场变化的“预测”、“期待”、“担忧”，这些因素的影响力高于实际发生的市场‘变化’。而且，容易出现过度反应、被市场气氛影响的现象。

理财景气是指那些在股市上涨的优良企业（主要是大型

出口企业）所处环境的景气。这些企业所处的环境和我们说的体验景气是不一样的。体验景气主要是指内需的景气，但是对于出口企业来说，海外市场和汇率更为重要。实际上，虽然最近的增长率很低，但是股价持续上涨，就是因为这个原因——出口业绩在过去6年中连续保持2位数以上的增长率。

当出口企业的利润率为10%时，汇率上涨10%，那么利润的上涨幅度会远高于10%，也会反映在股价的上涨上。

第七章 经历过困难，才能获得一生都受用的宝贵财产

读完这一本书，对经济局势有了更高层次的认识。这一次跃升将全然改变你的投资视角。跟随经济规律、跟随资金的流向，轻松顺应趋势，获得财富。而陪伴着你走过人生低谷的家人更是值得一生珍惜的宝贵财富。

金晓阳终于搬进了新的公寓。整理好行李后，回顾了一下自己的投资过程。当他碰到崔大友以后，对投资的视角发生了巨大的变化。告别了那段只知道涨停股的岁月，现在观察经济的动向，联系其他经济指标之间的关系，已经不再找具体的股票，而是寻找买卖的时机。金晓阳拿出了日记本，写了一封给自己的希望之信。

搬家从星期天开始，搬了三天。星期五在半地下的房子打包好了行李，然后把这些行李放在了保管所。这两天主要是去新的房子修理一下，再刷个墙什么的。搬家确实需要很多准备工作。

付完房屋买卖余款，拿到钥匙的时候，妻子的手轻轻地抖了一下。

空荡荡的新房子只剩下乱七八糟的脚印和被弄脏了的壁纸，还有家具下面长年积攒的灰尘，可以说是一片狼藉了。即使是这样，金晓阳仍然觉得这个空间很可爱、很亲切。下午开始到晚上，金晓阳修理了厨房的下水管道，刷了墙，铺了地板。整个下午都不感觉到累。看着原本乱七八糟的屋子一点一点地变成温馨的空间，自己都觉得非常神奇。

星期天早上开始搬行李的时候还觉得有点儿空荡荡的。到了下午，他们在电器店订购的家电产品开始陆陆续续地送货到家，安置在各自的位置上，这才觉得有点儿家的味道。以前是全家人一起用一张桌子，现在给小草和小芽每人配了一张桌子。两个孩子整个下午都忙着往书架上摆书。

吃过晚饭已经过10点了。整整一天都不知疲倦的孩子们，现在也悄然入睡了。应该是很累了吧。新的床上，孩子们在熟睡。金晓阳呢？这三天都在忙着搬家，身体已经很疲倦了，感觉像是背着好几十斤的重物，但是心情依然是轻快的。妻子正在厨房准备茶水，金晓阳环顾了一下房子。

从昨天开始一直开着窗户换气，现在刷墙的油漆味道还是很浓。但是，这样也好。孩子们能在每天早晨迎着明亮的阳光睁眼，妻子有了宽大的厨房和辣白菜冰箱。当然，自己还有了一个书房。

金晓阳走进书房，坐在书桌前，能闻到一点点霉味。这些今天拿出来摆在书架上的书，以前都是放在箱子里的。刚结婚的时候都是小说和炒股相关书籍，现在基本上是经济、经营相关的书籍还有未来学相关的书籍。这都是碰见崔大友以后发生的变化。

与崔大友相遇7年，这段时间金晓阳真的有了很多变化。从一个不懂事的投资者，现在已经变成了成熟的投资人，甚至还能给周围的人提供一些建议。还是经常到崔大友那边去取经，但现在更多的是两个人的交流，而不是像以前那样的单方面的授课。

现在回想来，以前刚开始炒股的时候执著于那些暴涨股、涨停股是多么愚蠢的事情。那时候还不知道，市场中总是有个暗流。经济是好是坏，股价是涨是跌，都有循环和反复的过程、规律。投资就像是流水一样，要自然地追随水的流向，但一开始的时候金晓阳只用一个武器——涨停股。到处寻找涨停股去反抗下跌的大盘，弄得全身都是伤，真正到了大盘上涨的时候已经没有再跟上去的能力。那些天生的投资天才们，或许能在大盘下跌的时候获得利益。但是一般人在大盘下跌的时候保持收益其实就是不可能的事情。

一般人在市场中存活下来的方法就是，胜率高的时候扩大投资，胜率低的时候减少投资，以这样的方式彻底管理风险。随着市场的流向，提高成功的概率，也就是因为这样，对于一般人来说看清市场流向远比挑选涨停股更重要。理解经济就是看清市场流向。

当然，金晓阳明白到这一点，并不是那么顺利的。一开始对经济的重要性没有清晰的认知，找好股票和观察经济这两件事一起做反而乱了手脚。即使发现经济和金融指标发生了变化，也不知道这些变化会怎么影响到自己的投资。碰见崔大友以后的两年内，还是重视寻找好股票而不是看经济。不过还好，金晓阳一直坚持看经济新闻的报道和学习经济知识。随着时间的推移，对景气、利率、汇率、物价等经济金融指标开始熟悉起来。看经济新闻的时候觉得越来越有意思了。慢慢地，对经济问题开了窍，能把市场走势看在眼里。

这么一来，首先得到改善的是金晓阳的投资抑郁症。金晓阳平淡地接受了反复涨跌的市场，战胜了自己心中对股价下跌的恐惧，明白了股价下跌其实是能低价抄底的好机会，甚至有点儿莫名的兴奋。这是以前的金晓阳绝无可能感到的心情，这真是一个非常大的变化。实际上在2004年股指在700点左右的时候，2006年股指跌到1200点的时候，2008年股指跌到900点的时候，金晓阳都准确地判断为股价低点。当别人都在忙着出售手中股票的时候，金晓阳却能抓住机会低价收购。但是在2004年以前，金晓阳一直十分依赖崔大友的建议，那个时候还不敢根据自己的判断去投资。

2005年，股价突破了1000点——跟他们预想的一样。金晓阳在崔大友的帮助下，对大盘上涨有了确信。这下金晓阳对金融、经济指标的热情就更大了。以前是只看经济新闻，这个时候开始看经济研究所的各种报告和快报。通过这些资料，金晓阳接触到了解释、分析经济的各种技法和简介，开始对市场的微小变化注意起来。虽然还不够成熟，但看待经济的框架逐渐地在金晓阳脑中形成了起来。现在他能熟练根据经济和金融指标的变化，把这些知识运用在市场投资当中。金晓阳越来越希望自己能赶在别人前面发现市场的变化，那些从网上和报纸上看到的研究报告已经不能满足金晓阳的需求了。

从这个时候开始，金晓阳去统计厅的国家统计报表、韩国银行的经济统计系统、证券期货交易所等网站下载了数据，在自己的Excel文件中积累起数据来。把各色各样的统计数据进行整合、分析，努力抓住市场的每一个微小变化，努力找出其中隐藏的意义和发挥的影响。通过这样的过程，金晓阳对经济的理解能力迅速提高，一点一点地有了自己的观点，最后找到了只属于金晓阳自己的规律。有时候还能想到新闻和报纸上没有说到的部分。

除此之外，根据历史的车轮是反复循环的这一真理，金晓阳阅读了很多投资历史书和投资大家的人物传记，积累了间接经验。同时，刻苦学习了经济、经营、未来学相关的书籍，为了看清、看远市场而不断努力。随着经验的积累，他明白了投资需要长期性的视角，发现了不停地涨跌的市场其实正是起因于人们的恐惧和贪婪这一事实。

在这样的成长过程中，苦难一直伴随着他。有时候分析经济金融指标的时候会出现错误，让他感到很困惑；更多的是与时间和诱惑的斗争。“赶快”买房子，这个目标就是他炒股的目标。有时候看到暴涨的股票，就想要上去赚一把。要战胜这个诱惑实在是不容易。尤其是股价平稳、没有变动的时候，看见其他股票在上涨，就想先追涨一个看看。实际上还真是错过了好几次暴涨股的机会。说不定金晓阳抓住这些机会后，会一步登天，迅速完成买房子的梦想。但，也有可能全赔进去，牢牢地套在里面。这些都是金晓阳长时间苦恼过后决定抛弃的机会，现在想来也没有一点儿后悔。

大概是去年吧。金晓阳在电视访谈录上看到对巴菲特的采访，巴菲特说的话让他很受用。内容大概是这样的，“我能成为富豪不是因为我抓住了绝好的投资机会，而是因为我能放弃投资机会。再好的机会，如果没有成功的确信，就不去碰它。所以有了今天的我”。这句话和巴菲特的投资规则一脉相通。巴菲特的投资规则有两个：“第一，绝不要输钱；第二，绝不要违反第一条。”想要成为富翁，不是一下子赚大钱，而是通过彻底管理自己来做到不输钱。也就是说管理风险的重要性远远超过了追求收益的重要性。从这一点上来看，金晓阳抛弃了“高风险一高回报”的投资方式（追赶涨停股），是一个聪明的判断。即使赢了五次，只要输了一次就会彻底失败，这就是追赶涨停股的投资方式。

再加上至今为止积累下来的经济金融知识和经验，到了退休以后甚至是到死为止一直能陪伴着自己。暴涨股的一时性利益哪能和这个宝贵的财产相比呢？

金晓阳坐在桌前，打开了第二个抽屉，拿出了2009年的日记本。像今天这么喜庆的日子，一定要留下一段记录作为纪念。金晓阳拿起笔犹豫了一会儿，开始给自己写信。

晓阳，祝贺你，真的真的祝贺你。还有，我为你感到自豪。

8年了，终于再买了一套房子，这是一个壮举，你做得真好，真的很好。

刚开始的时候还不知道你要走几年，5年，10年，还有可能永远无法实现。

那个时候感觉这段历程那么漫长……

现在看来，其实也不是那么长，是吧？

过去的8年，其实也不只是为了赚钱拼死拼活的日子，绝对不是。

当然也感到过累，但是抚养孩子的时候不也忘掉时间的逝去了吗？如果只想着钱，只想着买房子，那么这段时间真的很漫长。但是一想到孩子们，你不觉得这段时间过得太快了吗？小草和小芽的小时候，还有很多宝贵的回忆。过去的8年更多的是我们家人在一起的宝贵时间。

晓阳，虽然你的成绩很好，但是我知道过去8年有多么辛苦。

有时候自己责怪自己，还流了眼泪……

从现在起，忘掉过去的辛酸，好好面向未来吧。实际上，通过你的困难，你获得了一生都受用的宝贵财产。不是吗？

过去的8年，真是活得很充实。

困难中不慌乱，一步一步默默地走过来，你的脚步很让我感到自豪呢。

烦心事有很多，问题也有很多，但，你做得很好。

像现在这样努力活下去，将来没有做不成的事。

来，晓阳，现在又有新的未来在等待着我们。

金晓阳，加油！

金晓阳听见了门外妻子叫他的声音。

把日记本放进抽屉后，他从房间走了出来。

从敞开的窗户，吹进来5月清新的微风。

图书在版编目（CIP）数据

10年后，你会生活得更好吗？/（韩）崔秉熙著；
张虎译.—长沙：湖南文艺出版社，2012.5
ISBN 978-7-5404-5472-2

Ⅰ. ①1… Ⅱ. ①崔…②张… Ⅲ. ①家庭管理：财务
管理－基本知识 Ⅳ. ①TS976.15

中国版本图书馆 CIP 数据核字（2012）第 053408 号

著作权合同登记号：图字 18-2012-87
10 년 Ten Years

Original Korean edition was published by Dasan Books Co., Ltd.

Simplified Chinese language edition is published by arrangement with Dasan Books Co., Ltd.
through Eric Yang Agency

上架建议：生活/理财

10年后，你会生活得更好吗？

作　　者：［韩］崔秉熙
译　　者：张　虎
出 版 人：刘清华
责任编辑：丁丽丹　刘诗哲
特约策划：李吉军　刘　霁
版权支持：王雅兰
版式设计：李　洁
出版发行：湖南文艺出版社
（长沙市雨花区东二环一段 508 号　邮编：410014）
网　　址：www.hnwy.net
印　　刷：北京嘉业印刷厂
经　　销：新华书店
开　　本：880mm × 1270mm　1/32
字　　数：160 千字
印　　张：8
版　　次：2012 年 5 月第 1 版
印　　次：2012 年 5 月第 1 次印刷
书　　号：ISBN 978-7-5404-5472-2
定　　价：29.80 元
（若有质量问题，请致电质量监督电话：010-84409925）